A vida secreta dos micróbios

A vida secreta dos micróbios

Como as criaturas que habitam o nosso corpo definem hábitos, moldam a personalidade e influenciam a saúde

ROB KNIGHT
com BRENDAN BUHLER

tradução de
MARIA SYLVIA CORRÊA

Título original: *Follow Your Gut – The Enormous Impact of Tiny Microbes*
Publicado mediante acordo com a editora original, Simon & Schuster, Inc.
TED, o logo TED e TED Books são marcas da TED Conferences, LLC.

O texto deste livro foi fixado conforme o acordo ortográfico vigente no Brasil desde 1º de janeiro de 2009.

INDICAÇÃO EDITORIAL: Lauro Henriques Jr.
PREPARAÇÃO: Francisco José M. Couto
REVISÃO: Raquel Nakasone e Cacilda Guerra
ADAPTAÇÃO DE CAPA: Rodrigo Frazão
PROJETO GRÁFICO: MGMT. DESIGN
ILUSTRAÇÕES DE MIOLO E CAPA: Olivia de Salve Villedieu
IMPRESSÃO E ACABAMENTO: Ipsis Gráfica e Editora S/A

1ª edição, 2016
Impresso no Brasil

Dados Internacionais de Catalogação na Publicação (CIP)
(Câmara Brasileira do Livro, SP, Brasil)

Knight, Rob
A vida secreta dos micróbios : como as criaturas que habitam o nosso corpo definem hábitos, moldam a personalidade e influenciam a saúde / Rob Knight com Brendan Buhler ; tradução de Maria Sylvia Corrêa. -- São Paulo : Alaúde Editorial, 2016. -- (Coleção TED Books)

Título original: Follow your gut : the enormous impact of tiny microbes.
ISBN 978-85-7881-336-9

1. Corpo humano - Microbiologia 2. Intestinos - Microbiologia - Obras de divulgação 3. Microbiologia 4. Micro-organismo I. Buhler, Brendan. II. Título. III. Série.

15-09792 CDD-579
NLM-QW 200

Índices para catálogo sistemático: 1. Microbiologia 579

2016
Alaúde Editorial Ltda.
Avenida Paulista, 1337, conjunto 11
São Paulo, SP, 01311-200
Tel.: (11) 5572-9474
www.alaude.com.br

Compartilhe a sua opinião sobre este livro usando as hashtags
#AVidaSecretaDosMicrobios
#TedBooksAlaude
#TedBooks
nas nossas redes sociais:

/EditoraAlaude

/EditoraAlaude

/AlaudeEditora

Aos meus pais, Allison e John,
pelos seus genes, ideias e micro-organismos.

SUMÁRIO

A vida secreta dos micróbios

INTRODUÇÃO

Nós te conhecemos: você é um ser humano, bípede, cheio de princípios nobres, mil aptidões, herdeiro de toda a criação, nunca lê nem uma linha desses contratos de licenciamento – só aceita os termos. Agora conheça o restante de você: 1 trilhão de minúsculas criaturinhas que habitam seus olhos, orelhas e aquela mansão magnífica que são seus intestinos. Esse mundo microscópico que existe em nosso organismo tem o potencial de redefinir a nossa compreensão das doenças, da saúde e também de nós mesmos.

Graças às novas tecnologias, muitas delas desenvolvidas apenas nos últimos anos, os cientistas nunca souberam tanto sobre as formas de vida microscópicas que vivem dentro da gente. E o que aprenderam é surpreendente. Esses organismos unicelulares – os micro-organismos, ou micróbios – não só são mais numerosos do que imaginávamos, pois uma quantidade imensa deles mora em tudo quanto é cantinho do nosso corpo, como também são mais importantes, desempenhando algum papel em todos os aspectos de nossa saúde e até de nossa personalidade.

Esse conjunto de criaturas microscópicas que fazem da gente a sua casa, por dentro e por fora, é denominado "microbiota humana" e seus genes são denominados "microbioma humano". Assim como muitas descobertas, os fatos que vão surgindo sobre esse universo minúsculo

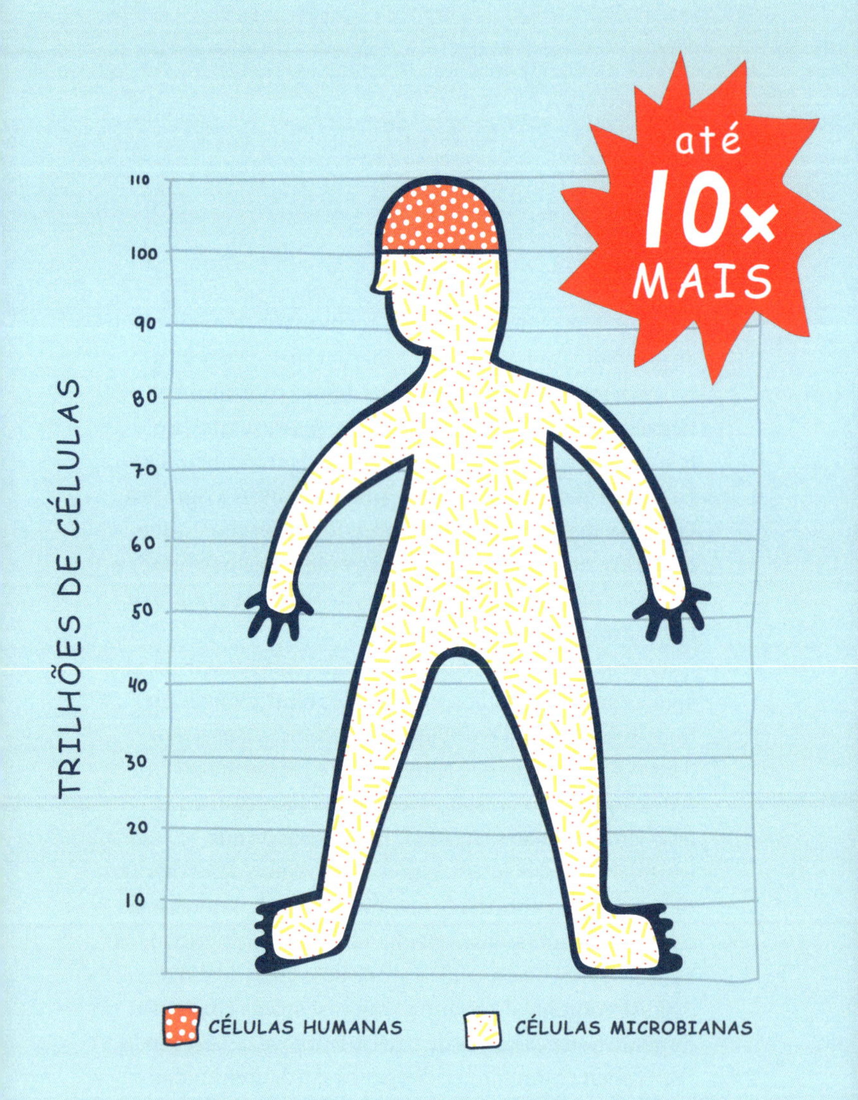
até
10x
MAIS
TRILHÕES DE CÉLULAS
110
100
90
80
70
60
50
40
30
20
10
CÉLULAS HUMANAS
CÉLULAS MICROBIANAS

servem para repreender o nosso ego. A astronomia nos revelou que o nosso planeta não era o centro do universo, e a evolução demonstra que os humanos não passam de mais um animal. O mapeamento do microbioma humano nos ensina que, mesmo nos limites do nosso corpo, somos abafados por um conjunto de formas de vida independentes (e interdependentes), com objetivos e interesses próprios.

Quantos micro-organismos existem na gente? Somos constituídos por uns 10 trilhões de células humanas, mas existem cerca de 100 trilhões de células microbianas dentro e fora do nosso corpo.[1] Ou seja: você praticamente não é você.

Tampouco somos, como pensávamos, meros e infelizes hospedeiros de micróbios maléficos que, eventualmente, nos trazem infecções. Na verdade, vivemos o tempo todo em equilíbrio com uma vasta comunidade de micro-organismos. Além de não serem passageiros neutros, esses pequenos organismos desempenham um papel essencial na maior parte dos processos fundamentais da nossa vida, como na digestão, nas reações imunológicas e até mesmo no comportamento.

A nossa comunidade interna de micro-organismos está mais para um conjunto de diferentes comunidades. Espécies distintas habitam partes distintas do corpo, onde desempenham papéis especializados. Os micro-organismos que moram em nossa boca são diferentes dos que residem em nossa pele ou nos intestinos. Não somos indivíduos, somos ecossistemas.

Nossa diversidade de micro-organismos pode até ajudar a explicar certas peculiaridades corporais que há muito jogamos na conta da sorte ou do azar. Por exemplo, por que os pernilongos gostam mais de algumas pessoas? Esses pestinhas raramente me picam, mas Amanda, minha companheira, atrai enxames deles. Acontece que algumas pessoas são mesmo mais apetitosas do que outras para os pernilongos. Uma razão importante para essa atratividade variável está nas diferentes comunidades microbianas que abrigamos em nossa pele. (Veja mais sobre esse assunto no capítulo 1.)

E mais: existe uma variação extraordinária de micróbios que residem em cada um de nós. Todo mundo provavelmente já ouviu falar que, geneticamente, somos bastante parecidos. Em termos de DNA humano, uma pessoa é 99,99% idêntica a outra pessoa qualquer. No entanto, isso não acontece em relação aos micro-organismos do intestino. Talvez uma pessoa compartilhe apenas 10% de semelhança com outra.

E essas diferenças podem ser responsáveis pela enorme variação entre nós, do peso às alergias; da tendência a ficar doente ao nível de ansiedade. Estamos apenas começando a mapear – e a compreender – esse vasto mundo microscópico, mas as implicações dessas descobertas são assombrosas.

A incrível diversidade desse mundo microbiano fica ainda mais fantástica quando se pensa que até cerca de quarenta anos atrás não tínhamos nenhuma ideia de quantos organismos unicelulares existiam nem de quantos tipos. Até então, a concepção básica sobre a categorização dos seres viventes do mundo vinha de *A origem das espécies*, de Charles Darwin, publicado em 1859.[2] Darwin delineou uma árvore evolutiva que agrupava todos os seres vivos de acordo com traços físicos comuns – tentilhões de bico curto, tentilhões de bico longo e assim por diante –, e isso se tornou a base para classificar as espécies.

Essa concepção tradicional da vida foi baseada no que as pessoas conseguiam enxergar no mundo a sua volta ou através de microscópios: seres vivos maiores foram classificados como plantas, animais e fungos. Os organismos unicelulares restantes foram amontoados em duas categorias básicas: protistas e bactérias. Estávamos corretos em relação às plantas, aos animais e aos fungos. No entanto, nossa descrição dos organismos unicelulares estava completamente equivocada.

Em 1977, os microbiologistas Carl Woese e George E. Fox mapearam a árvore da vida, comparando formas de vida no nível celular, usando o ribossomo RNA, um parente do DNA que reside em todas as células e é usado para fazer proteínas. O resultado é surpreendente.[3] Woese e Fox revelaram que os organismos unicelulares são mais variados que todas as plantas e animais juntos. Acontece que todos os animais, plantas e fungos, todos os seres humanos, águas-vivas e besouros, qualquer pedacinho de alga, de musgo e de uma sublime sequoia, e os liquens e os cogumelos – toda a vida que enxergamos a olho nu – equivalem a três galhinhos da ponta de um ramo da árvore da vida. Os organismos unicelulares – bactérias, *archaea*, ou arqueia (que foram descobertas por Woese e Fox), leveduras e outros – predominam.

Só nos últimos anos demos um salto extraordinário no que diz respeito ao entendimento da vida microscópica dentro da gente. Novas técnicas – inclusive a melhoria do sequenciamento do DNA –, juntamente com uma

A ÁRVORE DA VIDA

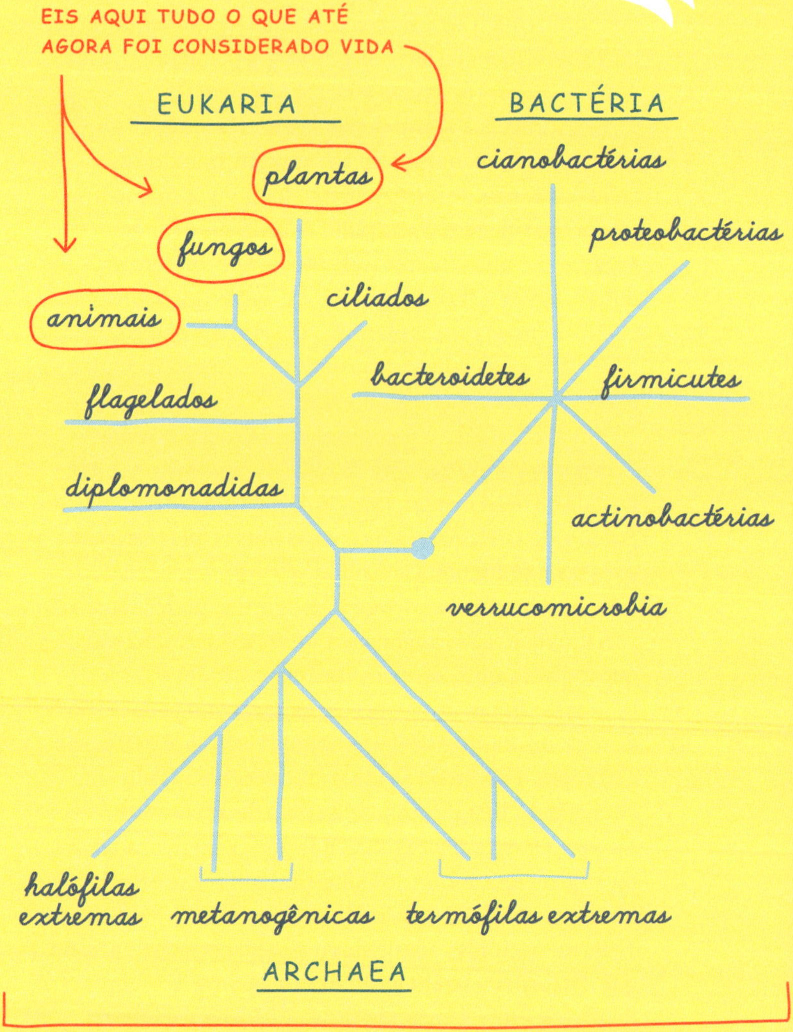

EIS AQUI TUDO O QUE ATÉ
AGORA FOI CONSIDERADO VIDA

EUKARIA

plantas
fungos
animais
ciliados
flagelados
diplomonadidas

BACTÉRIA

cianobactérias
proteobactérias
bacteroidetes
firmicutes
actinobactérias
verrucomicrobia

halófilas
extremas
metanogênicas
termófilas extremas

ARCHAEA

SURPRESA! EIS AQUI A DIVERSIDADE DE FORMAS
DE VIDA CONHECIDAS (ATÉ AGORA)

explosão do poderio informático, têm sido fundamentais para isso. Agora, por meio de um processo denominado "sequenciamento de nova geração", podemos coletar amostras de células de partes diferentes do corpo, analisar rapidamente o seu DNA microbiano e juntar as informações com outros exemplos do corpo a fim de identificar as centenas de espécies de micróbios que residem em nosso organismo. Temos encontrado seres vivos dos reinos bactéria e *archaea*, leveduras e outros organismos unicelulares (como os eucariontes) que coletivamente apresentam genomas – as estruturas genéticas que os definem – mais compridos que os nossos.

Novos algoritmos de computadores, por sua vez, têm facilitado a interpretação de toda essa informação genética. Especificamente, podemos agora estabelecer um mapa de nossos micróbios a fim de comparar comunidades de diferentes partes do corpo e também comunidades presentes em diferentes pessoas. Muito de nosso crescente conhecimento tem origem no Projeto Microbioma Humano. Esse esforço de 170 milhões de dólares em pesquisa, patrocinado pelos Institutos Nacionais de Saúde dos Estados Unidos (US National Institutes of Health, NIH), tem dado apoio a mais de duzentos cientistas que, até agora, já analisaram pelo menos 4,5 terabytes – isto é, 4,5 trilhões de bytes – de dados de DNA. E isso é só o começo. Outros esforços internacionais, como o MetaHIT (um consórcio europeu), vêm acrescentando e analisando dados sem parar.

O custo dessas análises vem caindo rapidamente, o que permite que mais indivíduos possam obter um recenseamento da diversidade de vida que carregam.

Há cerca de dez anos, se alguém quisesse conhecer o próprio microbioma, teria que desembolsar 100 milhões de dólares. Hoje em dia, pode-se obter essa mesma informação ao custo de 100 dólares, aproximadamente – tão barato que talvez venha logo a se tornar um procedimento de rotina prescrito pelo nosso médico.

Mas por que um médico iria querer conhecer o nosso microbioma? Porque têm surgido novas pesquisas que indicam relações antes desconhecidas entre os nossos micróbios e inúmeras doenças, inclusive obesidade, artrite, autismo e depressão. À medida que começamos a revelar essas relações, passamos a vislumbrar novos tratamentos. Praticamente qualquer coisa que possamos imaginar tem algum efeito no microbioma: medicina, alimentação, se a pessoa é o filho mais velho ou quantos parceiros sexuais ela teve. Como você vai ler nas páginas seguintes, estamos descobrindo que os micróbios estão profundamente integrados a todos os aspectos da nossa vida. Na verdade, os micróbios estão redefinindo o que significa ser humano.

1 Os micróbios do organismo

Quanto de vida microscópica existe dentro da gente?

Se considerarmos o peso, um adulto mediano carrega cerca de 1,3 kg de micróbios. Ou seja, o nosso microbioma é um dos maiores órgãos do corpo – *grosso modo*, tem o mesmo peso do nosso cérebro e é um pouco mais leve que o fígado.

Já aprendemos que, em número absoluto de células, as células microbianas do nosso corpo superam as células humanas em até dez vezes. O que acontece se considerarmos o DNA? Nesse caso, cada um de nós apresenta cerca de 20.000 genes humanos, mas carrega de 2 a 20 milhões de genes microbianos. O que significa que, em termos genéticos, somos pelos menos 99% micróbios.

Para salvar um pouco da dignidade humana, devemos pensar nisso como uma questão de complexidade. Todas as células humanas contêm muito mais genes que uma célula microbiana. Mas temos tantos micróbios que todos os diversos genes deles somam mais que os nossos.

Os organismos que vivem na gente e da gente são muitos e variados. A maioria, mas não todos, é de organismos unicelulares. Fazem parte dos três ramos principais da árvore da vida. Talvez encontremos nos intestinos alguns membros do domínio *archaea*: organismos unicelulares que funcionam sem núcleo. Os mais comuns entre eles são os metanógenos, criaturas que vivem sem oxigênio, nos ajudam a digerir alimentos

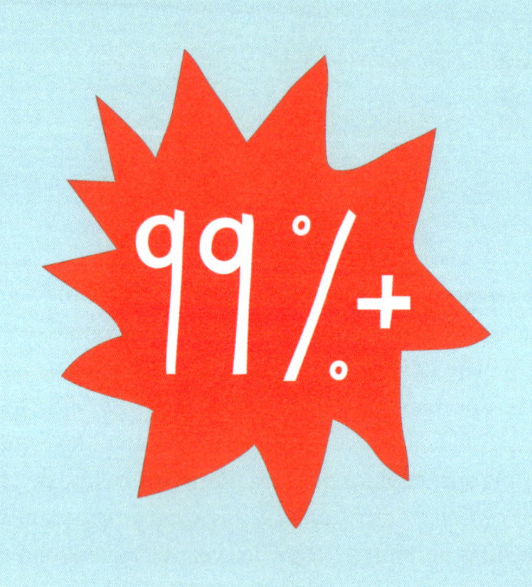

DOS GENES DE
NOSSO CORPO VÊM
DOS NOSSOS MICRÓBIOS

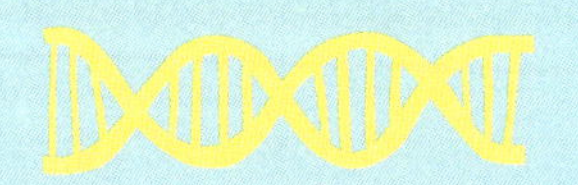

e excretam gás metano. (As vacas também têm.) Há também os eucariontes, como os fungos de pé de atleta e as leveduras que colonizam a vagina e às vezes o intestino. E, entre os mais dominantes de todos, estão as bactérias, como a *Escherichia coli*, que conhecemos sobretudo como uma doença que pode ser transmitida por espinafre mal lavado, mas que na verdade existe em versões inofensivas e prestativas na maioria dos intestinos humanos.

Com a ajuda de novas tecnologias, estamos descobrindo que essas criaturas são ainda mais diversas do que pensávamos. É como se a gente até agora tivesse arrastado uma rede de pesca de trama bem larga e concluísse que a vida marinha consistia apenas em baleias e lulas gigantes. Descobrimos que existem muito mais coisas por aí. Por exemplo, talvez todo mundo ache que duas bactérias quaisquer de nosso intestino, que estejam se alimentando de nosso último sanduíche, sejam bastante semelhantes – digamos, tão semelhantes quanto uma anchova e uma sardinha. Na verdade, as diferenças entre elas estão mais para um pepino-do-mar e um grande tubarão-branco: são duas criaturas radicalmente distintas em termos de comportamento, fonte alimentícia e atribuições ecológicas.

Então, por onde andam todos os nossos micróbios e o que estão fazendo? Vamos dar um passeio pelo corpo e descobrir.

Pele

Voltando de uma campanha, Napoleão I supostamente teria enviado uma mensagem à imperatriz Josefina: "Vou voltar a Paris amanhã à noite. Não se lave". Ele gostava bastante do cheiro de sua amada. Mas por que exalamos tanto quando não usamos sabonetes, antitranspirantes, talcos e perfumes? Por causa, sobretudo, dos micróbios que se refestelam com nossas secreções e as tornam ainda mais cheirosas.

Os cientistas ainda estão tentando farejar o propósito produtivo dessas criaturas que moram na pele, nosso maior órgão, mas uma coisa é certa: elas contribuem para o nosso odor, inclusive para os cheiros que atraem mosquitos.[1] Como já foi dito, os pernilongos têm mesmo preferência pelo cheiro de algumas pessoas e não de outras, e os micróbios são os responsáveis por isso. Esses micróbios metabolizam os elementos químicos produzidos pela pele em diferentes compostos orgânicos voláteis de que os mosquitos gostam ou não. Para o anófele, pertencente aos *Anopheles gambiae*, um dos principais mosquitos transmissores da malária, os cheiros sedutores não vêm de nossas axilas, mas, sim, das mãos e dos pés. Isso levou à intrigante possibilidade de que esfregar antibiótico nas mãos e nos pés talvez afastasse os ataques desse mosquito em particular, pois, se matássemos os micróbios, mataríamos o cheiro.

Como todos os nossos micróbios, os da pele não estão ali necessariamente para benefício nosso. Mas, como habitantes benignos, eles realmente nos ajudam muito: o simples fato de residirem na gente torna mais difícil que outros micróbios mais maldosos nos infectem. Partes diferentes da pele apresentam micróbios diferentes, e essa diversidade – o número dos vários tipos de micróbios – não está necessariamente relacionada ao número de micróbios individuais que temos em uma região específica. Muitas vezes é o contrário. Em termos genéricos, seria como se o estado de Vermont (cuja população gira em torno de

O SEU JARDIM INTERNO

600.000 habitantes) tivesse a diversidade étnica de um condado como Los Angeles (cuja população é de 10 milhões), e que a população de Los Angeles fosse tão uniforme quanto a de Vermont. As axilas e a testa têm uma porção de micróbios, mas relativamente poucas espécies; já as palmas das mãos e os antebraços raramente são hábitats de micróbios, mas muitas espécies se acumulam ali.[2] As mulheres tendem a apresentar maior diversidade de comunidades microbianas nas mãos do que os homens, e essas diferenças sobrevivem a lavagens, o que sugere que elas tenham raízes em diferenças biológicas, embora a causa ainda seja desconhecida.[3]

Também descobrimos que os micróbios da mão esquerda são diferentes dos da mão direita. Em decorrência do que as mãos fazem – todos os cumprimentos, tapinhas e toques nas mesmas superfícies –, cada uma desenvolve comunidades microbianas distintas. Foi isso que me inspirou e a Noah Fierer, professor de ecologia e biologia evolutiva da Universidade do Colorado, em Boulder, nos Estados Unidos, a tentar reproduzir uma das mais famosas descobertas em biologia de larga escala. Alfred Russel Wallace, biólogo e antropólogo britânico, junto com outros colaboradores, desenvolveu uma elaborada teoria em biogeografia para tentar explicar a dispersão de organismos em ilhas e a relação entre a diversidade de espécie e área territorial.[4] Contemporâneo de Darwin e também descobridor da seleção natural, ele notou uma fenda (chamada linha de Wallace) entre as atuais Malásia e Indonésia, fenda essa que separa a fauna asiática (macacos, rinocerontes) da fauna australiana (cacatuas, cangurus). Fierer e eu queríamos saber se encontraríamos a mesma

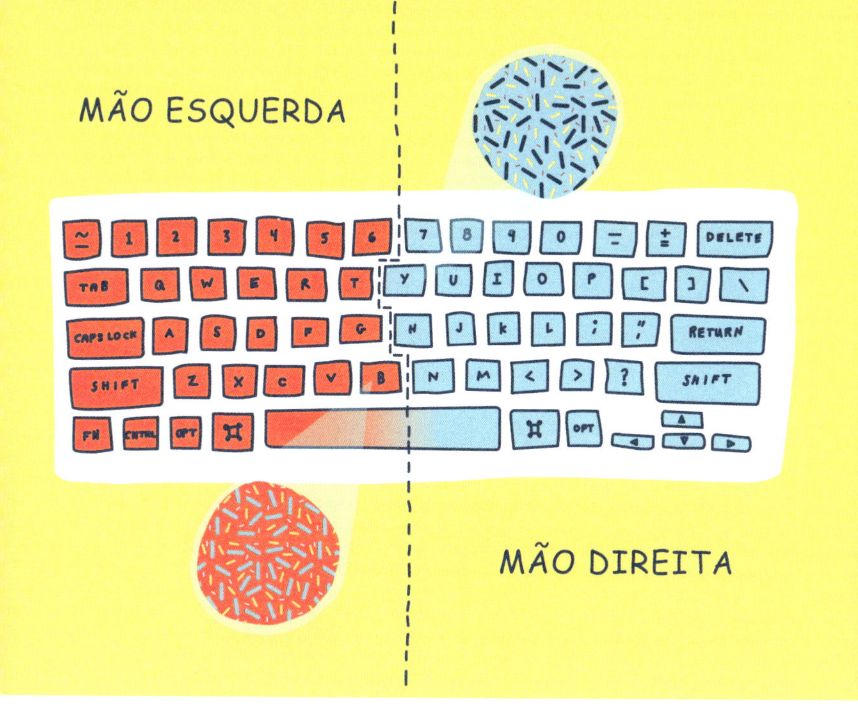

"linha de Wallace" entre as letras *G* e *H* dos teclados de computador, com populações distintas (das mãos direita e esquerda dos usuários) colonizando cada metade do instrumento. Também nos perguntamos se a barra de espaço teria mais tipos de micróbios simplesmente porque é maior do que as outras teclas.

Os resultados indicaram um tipo de linha de Wallace, mas ficamos surpresos ao encontrar algo ainda mais notável: cada ponta do dedo e sua tecla correspondente tinha essencialmente a mesma comunidade microbiana. Também conseguimos casar o *mouse* do computador de uma pessoa à palma de sua mão com uma acuidade de mais de 90%.[5] Os micróbios da mão de uma pessoa são muito distintos dos de outras pessoas – em média, até 85%

diferentes em termos de diversidade de espécie –, o que significa que temos uma digital microbiana.

Aprofundamos a pesquisa, desenvolvendo experimentos a fim de compreender quantas vezes alguém precisa tocar um objeto para conseguir deixar esses traços microbianos identificáveis. Esse conhecimento científico é ainda muito preliminar para se sustentar num tribunal de justiça. Por outro lado, os seriados de TV empregam, digamos, padrões de evidência ligeiramente mais frágeis, por isso, assim que publicamos o primeiro artigo sobre esse tema, o seriado *CSI-Miami* levou ao ar um episódio que teve como premissa a perícia microbiana.[6]

Enquanto isso, David Carter, um microbiologista forense, mudou-se recentemente de Nebraska para o Havaí, onde está estabelecendo uma "fazenda de corpos". O que é isso? Os legistas precisam descobrir há quanto tempo os corpos que encontram estão mortos. Em uma unidade forense, os corpos doados são dispostos em cenas de crime distintas[7] e depois examinados com frequência para saber como estão se decompondo. Acontece ali uma impressionante sucessão de micróbios. Assim como as pedras nuas são inicialmente colonizadas por liquens e depois, na sequência, por musgos, gramíneas, mato, arbustos e, por fim, árvores, o processo de decomposição também segue um padrão previsível.

Jessica Metcalf, doutora e pesquisadora do meu laboratório na universidade, construiu ela mesma uma miniatura de fazenda de corpos composta de quarenta camundongos mortos. (Os ratinhos foram mortos como resultado de outros experimentos cujo objetivo era encontrar a cura de doenças cardíacas e do câncer.)

Ela descobriu ser possível estimar quando os camundongos tinham morrido num intervalo de três dias, o que é tão preciso quanto datar corpos com base nos insetos, o método normalmente empregado.[8] Por que então usar micróbios? Insetos precisam encontrar o corpo, enquanto micróbios já estão ali o tempo todo, o que os torna úteis em cenas de crime sem insetos.

Nariz e pulmões

Dando sequência ao nosso passeio, vamos examinar o nariz. As narinas humanas abrigam os próprios micróbios. Entre eles, a bactéria *Staphylococcus aureus*, que causa infecções estafilocócicas hospitalares. Parece que as pessoas saudáveis são sempre um lar para o que consideramos micróbios perigosos. O que achamos que deve acontecer aqui é que as outras bactérias podem impedir que a *S. aureus* tenha uma base. Outra descoberta interessante é que o meio ambiente influencia imensamente os tipos de micróbios que se juntam no nariz. E as crianças que apresentam maior diversidade de tipos de bactérias no nariz logo cedo, como as que vivem em fazendas ou perto delas, têm menor tendência a desenvolver asma e alergia mais adiante.[9] Tudo indica que brincar na terra pode nos fazer bem.

Lá nos pulmões, em geral encontramos apenas bactérias mortas.[10] As superfícies dos pulmões expostas ao ar contêm um coquetel de peptídeos antimicrobianos: pequenas proteínas que matam as bactérias assim que elas aterrissam. Nas pessoas doentes, no entanto, como as com fibrose cística ou com HIV (vírus da imunodeficiência humana), vamos às vezes encontrar micróbios nocivos que contribuem para as doenças pulmonares.[11]

Se a nossa garganta tem um microbioma distinto e próprio ou apenas micróbios vindos da boca, isso ainda é uma questão para debate científico.[12] Podemos dizer, porém, que os micróbios presentes na garganta de fumantes parecem ser diferentes dos existentes na dos não fumantes, talvez demonstrando que fumar faz mal não apenas para nós mesmos como também para essas criaturas que vivem em nós.[13]

Boca e estômago

É provável que todo mundo só tenha ouvido falar das bactérias maléficas da boca – as que causam doenças na gengiva e estragam os dentes. Um bichinho malvado é o chamado *Streptococcus mutans*, criatura que gosta de comer os nossos dentes. Parece ter se desenvolvido juntamente com a agricultura humana,[14] que tornou a nossa alimentação muito mais rica em carboidratos, sobretudo açúcares. Assim como domesticamos os ratos inadvertidamente para se alimentarem de lixo, bactérias indesejáveis foram domesticadas para viver no nosso corpo. Felizmente, a maior parte das bactérias domesticadas da boca são benéficas e formam um filme biológico que deixa as maléficas de fora. Os micróbios da boca até ajudam a regular a pressão sanguínea, afrouxando as artérias com óxido nítrico, um composto que eles ajudam a produzir, um parente químico do óxido nitroso [também conhecido como "gás hilariante", utilizado por dentistas nos Estados Unidos].

Outra espécie, chamada *Fusobacterium nucleatum*, é normalmente encontrada em bocas saudáveis, mas também pode contribuir com doenças periodontais.[15] A *F. nucleatum* é interessante, pois já foi observada no tumor de pessoas com câncer de cólon.[16] Ainda não sabemos se essa associação é de causa ou de efeito: a *F. nucleatum* talvez cause a doença, ou talvez apenas esteja reagindo ao ambiente onde o tumor se instala. Os micróbios de nossa boca também são bastante variados. Até lados diferentes de um mesmo dente podem abrigar uma comunidade microbiana própria, que pode sofrer influência de muitos fatores, inclusive da exposição ao oxigênio e de padrões de mastigação.

No estômago, encontramos um ambiente bastante ácido, como a bateria de um carro, onde sobrevivem apenas poucos tipos de micróbios. Mas esses micróbios podem ser muito importantes. Uma bactéria em particular, a *Helicobacter pylori* (ou *H. pylori*), tem convivido conosco há tanto tempo que é possível dizer quais populações humanas são aparentadas – e com quem entraram em contato em suas migrações – ao analisarmos as linhagens específicas de *H. pylori* que elas abrigam.[17]

A *H. pylori* desempenha um papel importante nas úlceras, que são as feridas que surgem no estômago ou no intestino delgado quando a mucosa protetora se desgasta e os ácidos gástricos corroem o tecido. Os sintomas iniciais são mau hálito e queimação estomacal, e vão piorando até chegar a náusea e sangramento por ambas as saídas. Durante anos, os médicos culparam o estresse e a alimentação pelas úlceras, aconselhando os pacientes a relaxarem e eliminarem alimentos picantes, álcool e café. Recomendava-se leite e antiácidos. Os pacientes sentiam algum alívio, mas raramente se recuperavam de todo.

Então, na década de 1980, os médicos australianos Barry Marshall e J. Robin Warren demonstraram que a maior parte das úlceras é causada por infecções da *H. pylori* e podem ser tratadas com antibióticos ou substâncias como o bismuto, que atingem a bactéria. Na verdade, Marshall estava tão convencido disso que ingeriu uma cultura de *H. pylori*, ganhando assim uma gastrite curável e o prêmio Nobel, que dividiu com Warren.

No entanto, hoje sabemos que cerca de metade da população humana carrega a *H. pylori*. Então por que não é todo mundo que tem úlcera? Parece que a *H. pylori* é apenas um dos fatores entre os riscos de úlcera: necessário, mas não suficiente. A *H. pylori*, junto com muitas outras bactérias que associamos com essa doença, acaba sendo algo que muita gente tem sem reclamar. Um dos desafios e uma das promessas da ciência do microbioma é descobrir como e por que esses micróbios se voltam contra nós.

Intestinos

Em seguida, vamos aos intestinos. Acreditamos que esta é a maior e mais importante comunidade microbiana de nosso corpo. Para um micróbio que mora num ser humano, esta é a cena principal. Eis a grande mansão do nosso intestino, medindo de 6 a 9 metros de comprimento e cheia de cantinhos e buraquinhos. É uma boa moradia para micróbios: é quentinha, tem muita comida, muita bebida e um sistema de esgoto conveniente. Com uma imensa população de micróbios e abundância de energia disponível, os nossos intestinos fervilham como Nova York e a petroleira Arábia Saudita.

É no intestino delgado que a maior parte dos nutrientes de nossa alimentação é absorvida pela corrente sanguínea. É no intestino grosso que a água é absorvida, e que os micróbios prestativos fermentam a fibra obtida através da alimentação, que passou pelo intestino delgado sem ser digerida. Isso libera ainda mais energia para a gente aproveitar. E como eles trabalham junto com o sistema digestivo, os micróbios intestinais são de certo modo os porteiros de nosso metabolismo. Eles têm o potencial de influenciar o que podemos comer, quantas calorias extraímos disso, a que nutrientes e toxinas estamos expostos e como os medicamentos nos afetam.

Outro fato relevante sobre essa coleção importantíssima de comunidades microbianas, cientificamente falando, é que é muito fácil obter amostras. Os micróbios se largam e passam reto, mortos ou vivos, em geral logo depois do café da manhã. As nossas fezes contêm micróbios vindos, sobretudo, do intestino grosso periférico, que fica mais perto do final da linha.[18] Embora haja diferenças entre os micróbios do intestino delgado e do grosso, em geral essa variação é pequena, se comparada com a encontrada entre os indivíduos.[19] Isso significa que o cocô oferece uma boa leitura dos micróbios específicos dos intestinos de uma pessoa.

Claro, de certo modo, a imagem microbiana derivada do cocô sai meio distorcida. Por exemplo, a *E. coli* já encheu páginas de jornal como sendo uma bactéria aparentemente agourenta, que às vezes penetra em nossa comida nos restaurantes de cozinha meio suja – mas ela não é necessariamente ameaçadora em si. Ouvimos falar dela apenas porque é fácil encontrá-la nas fezes. (Se alguém encontra *E. coli* na carne ou nas verduras, isso significa que elas foram contaminadas por matéria fecal.) Na verdade, a *E. coli* não é grande protagonista nos intestinos, contando menos de uma célula em 10.000 na maioria dos adultos saudáveis.[20] Sua fama se deve ao fato de ser como uma praga, a tiririca das bactérias, e cresce muito bem numa placa de Petri. Isso também vale para outras bactérias que há anos desempenham papéis exagerados em nossa compreensão do microbioma: nós as conhecemos porque são de cultivo fácil em laboratório.

A maior parte dos micróbios dos intestinos é muito mais instável, e ainda não sabemos direito como cultivá-los *in vitro* (isto é: no laboratório). Esses micróbios intestinais, que fazem parte principalmente de dois grandes grupos de bactérias denominados Firmicutes e Bacteroidetes,[21] são importantes na digestão de alimentos e na metabolização de remédios, mas também foram relacionados a uma série de doenças, inclusive obesidade,[22] doença inflamatória intestinal, câncer de cólon, doença cardíaca,[23] esclerose múltipla,[24] e autismo.[25] É por isso que técnicas como o sequenciamento de nova geração do DNA representam uma evolução tão grande. Finalmente poderemos enxergar o que até há pouco era invisível.

Genitais

Inicialmente, uma confissão de ignorância: ainda não sabemos de muita coisa a respeito dos micróbios que habitam o interior e o exterior do pênis. Sendo um campo fundado por Antonie van Leeuwenhoek, um cientista holandês que xeretava o sêmen (veja as páginas 72-74), a microbiologia moderna não encarou muito de perto a genitália masculina. No entanto, já houve algum progresso.

Tenho um colega (que vai continuar anônimo, a não ser que seja perseguido por algum jornalista da

TV a cabo) que desenvolve pesquisas importantes sobre o risco de doenças sexualmente transmissíveis entre adolescentes. Uma pequena parte desse trabalho pesquisa o microbioma interno e externo do pênis de meninos adolescentes. Para isso, ele precisa de amostras – coletadas tanto a intervalos regulares como depois que eles tiveram alguma relação sexual. Portanto, quando esse colega recebe um telefonema de algum de seus pacientes, ele sai voando numa van branca – com seu cabelo comprido, a costumeira jaqueta de couro e a corrente de ouro no pescoço – a fim de coletar amostras do pênis desses adolescentes. Claro, tudo pela ciência. Puxa, que pais sensatos esses aí, que assinaram o formulário de concordância! Enfim, provavelmente devido ao "fator piadinhas", não há muita pesquisa feita nessa área, o que significa que o trabalho desse colega vai ser um (se não *o*) retrato importante do microbioma peniano, na saúde e na doença.

A vagina, no entanto, foi amplamente estudada. Em mulheres adultas saudáveis de linhagem europeia, a vagina é normalmente governada por algumas poucas espécies de *Lactobacillus*. Não, não são as mesmas espécies encontradas no leite fermentado, mas são aparentadas e também produzem ácido lático, que conserva a vagina ácida. Um trabalho desenvolvido por Jacques Ravel, professor de microbiologia e imunologia da Universidade de Maryland, demonstra que as espécies predominantes na comunidade vaginal específica de uma mulher podem variar com o tempo, inclusive durante o ciclo menstrual, quando as bactérias que metabolizam ferro, denominadas *Deferribacteres*, alimentam-se de sangue.[26] As bactérias vaginais femininas podem até mudar quando a mulher começa a ter um novo parceiro sexual.

Até recentemente, a maior parte das pesquisas voltadas para as bactérias vaginais se concentrava nas infecções sexualmente transmitidas. Os cientistas investigaram o papel dos micróbios vaginais em uma doença denominada vaginose bacteriana e avaliaram se os micróbios vaginais poderiam ajudar ou retardar a transmissão de várias infecções sexualmente transmissíveis, inclusive HIV.

Mas acontece que nem todos os microbiomas vaginais saudáveis se parecem. Novas pesquisas sugerem que populações diferentes – hispânicas, afro-americanas, caucasianas e asiáticas, entre outras – apresentam comunidades microbianas vaginais saudáveis muito distintas. E, como veremos, em alguns aspectos, os micróbios vaginais definem o nosso destino.

2 Como adquirimos o nosso microbioma

Quando somos pais, queremos o melhor para os nossos filhos. Quando somos cientistas, às vezes temos uma ideia muito específica, baseada em dados observados e em análises estatísticas, sobre o que é melhor. E quando alguém é um cientista como eu, que estuda o papel da vida microscópica no nosso interior desde o nascimento, essas ideias podem surgir de maneiras, digamos, incomuns.

Quando eu e Amanda, minha companheira, estávamos esperando o nosso primeiro bebê, tínhamos um planejamento muito detalhado para o parto, com uma doula (uma assistente de parto – às vezes é muito bom ter alguém que esteja de fato do lado da gente, e não do lado do convênio). Mas as crianças, antes mesmo de nascerem, não têm grande respeito por planos. No dia 2 de novembro de 2011, a equipe de redação do Projeto Microbioma Humano, do qual faço parte, tinha finalmente entregado para a *Nature*, uma importante revista científica, os dois principais artigos descrevendo as suas conclusões. Tinha sido uma longa e bem desgastante batalha para mim e Amanda. A gente estava se devendo uma comemoração. Mas Amanda ainda estava grávida, portanto eu tinha que beber por dois – talvez por três. Sei lá. A nossa filha só nasceria dali a três semanas. O monte de coisas de bebê para providenciar poderia esperar a manhã seguinte.

Por volta da meia-noite, estávamos indo para a cama quando Amanda de repente fez uma cara esquisita. Ao tocar o tapete sob seus pés, ela disse: “Acho que minha bolsa estourou”. Ela ligou para o hospital, e eles nos mandaram ir para lá. Vestimo-nos às pressas, nos enfiamos no carro, e Amanda dirigiu até o hospital, que ficava a uns 3 quilômetros de nossa casa. O obstetra confirmou que a bolsa tinha de fato se rompido, e que o bebê nasceria logo, três semanas antes do esperado. Tudo bem, pensamos, vamos até em casa pegar as coisas do nenê – roupinhas, cobertores, mamadeiras – que já tínhamos, mas não havíamos colocado na mala. Eles nos informaram que Amanda não poderia sair do hospital até o bebê nascer.

Ficamos num dilema: eu não tinha condições de dirigir, embora sentisse que estava ficando sóbrio rapidamente. Chamei um táxi, mas o motorista se perdeu, tentando encontrar o caminho do hospital (a nossa região não é exatamente como Nova York em termos de táxis), e depois de uma hora ele ainda não estava perto. Aí eu saltei e fui a pé até em casa, com uma lista detalhada dos itens que necessitávamos. Consegui enfiar tudo nas três mochilas que tínhamos e caminhei de volta para o hospital.

Tudo ia bem. Ou assim parecia. Mas depois de 24 horas no hospital, a preocupação dos médicos foi aumentando. Eles nos disseram que o bebê estava em sofrimento fetal. Consultamos a doula, e ela concordou que tinha chegado a hora de não mais contar com o curso natural das coisas e apelar para a medicina moderna. A nossa filhinha nasceu de uma cesariana não planejada e vinte minutos depois do parto estava nos meus braços.

Mas a tecnologia médica dos dias de hoje não oferece tudo. Para solucionar o problema dos micróbios, resolvemos botar a mão na massa e esfregamos amostras da vagina de Amanda na recém-nascida. O nosso bebê precisava desses micróbios!

Quando contamos isso, as pessoas geralmente fazem três perguntas. À primeira, respondemos que estamos relatando o fato porque estamos ensaiando para quando tivermos que contar para o primeiro namorado dela.

À segunda – sobre como fizemos –, bem, não existe um procedimento padrão, mas usamos cotonetes de algodão esterilizados para coletar as amostras da vagina, que depois transferimos para várias partes de nossa recém-nascida: pele, orelhas, boca – todos os lugares aonde os micróbios teriam naturalmente chegado se ela tivesse passado pelo canal de parto.

Quanto à terceira e excelente pergunta – por que achamos que essa seria uma boa ideia –, vai levar algum tempo para explicar.

Nós recebemos os nossos primeiros micróbios da mãe, ao passarmos pelo canal de parto. E já está comprovado que antes mesmo de nascermos, o microbioma da mãe está se preparando. Durante a gravidez, tipos específicos de *Lactobacillus*[1] começam a predominar na vagina da mulher. A população de seu intestino se altera, apresentando micróbios mais eficientes em extrair energia do que ela come. Essa população, infelizmente, também tem maior tendência a causar inflamações nos intestinos, sobretudo durante o terceiro trimestre, que é um fenômeno complexo que contribui com diarreias e câimbras, entre outros problemas.

Como sabemos que há mudanças no microbioma da mulher durante a gravidez? A resposta envolve uma seringa cheia de fezes e o nosso assistente indispensável, o camundongo de laboratório. Uma equipe internacional de cientistas dos Estados Unidos, da Finlândia e da Suécia transferiu fezes de mulheres grávidas a camundongos criados em uma bolha estéril, o que os deixara sem micróbios próprios. Os camundongos foram divididos em dois grupos. Um grupo recebeu matéria fecal de mulheres no primeiro trimestre de gravidez, enquanto o outro recebeu amostras do terceiro trimestre. Ambos os grupos receberam alimentação idêntica. Os camundongos do grupo do terceiro trimestre, no entanto, ganharam mais peso e apresentaram um leque de características metabólicas e imunológicas observadas com frequência durante a gravidez.[2]

Ao transplantar os micróbios para os camundongos, podemos investigar se as mudanças nessa população são reações à gravidez ou se os micróbios são os catalisadores. As comunidades microbianas dos intestinos das mulheres grávidas talvez se alterem para que elas possam extrair mais energia ou nutrientes de sua alimentação, a fim de transmitir isso para o bebê. É também possível que esses micróbios intestinais estejam se preparando para se transferirem para o feto. Sabemos que isso ocorre em animais com dieta especializada, como os coalas, que precisam digerir folhas de eucalipto, e com os morcegos-vampiros, que precisam digerir sangue.

Ainda não está muito claro se temos algum micróbio quando ainda estamos no útero. Há relatos de micróbios no líquido amniótico ou na placenta em

NOS MICRÓBIOS E NA VIDA...

COMPARTILHAMOS ALGUMAS COISAS, MAS NÃO TUDO.

nascimentos prematuros.[3] Mas essas descobertas iniciais não foram amplamente reproduzidas. A noção em curso é a de que provavelmente os fetos saudáveis não tenham bactéria alguma, embora, como tudo na ciência, essa ideia esteja sujeita a reavaliações à medida que se acumulem novos dados.

Os nossos primeiros micróbios provavelmente foram obtidos durante o nascimento, ao passarmos pelo canal de parto da mãe, que é forrado de bactérias vaginais. Embora mulheres diferentes tenham comunidades microbianas diferentes, durante a gravidez todas essas comunidades chegam a um mesmo estado.[4] Isso tem muito sentido se, como acreditamos, esses micróbios se desenvolveram para cobrir o bebê com uma camada protetora contra o mundo. Parece um pouco esses desenhos em que um recém-nascido é recebido no mundo por borboletas e passarinhos esvoaçantes, se essas borboletas e passarinhos fossem coisinhas chamadas micróbios.

Vamos supor que os primeiros micróbios do bebê venham do canal de parto e da vagina da mãe. O que acontece se alguém não nasce por aí? As cesarianas vêm crescendo em muitos países,[5] seja devido ao aumento de complicações médicas ou simplesmente porque são mais fáceis de programar.

Maria Gloria Dominguez-Bello, uma pesquisadora do Langone Medical Center da Universidade de Nova York, estuda o microbioma de crianças. Trabalhei com a dra. Dominguez-Bello a fim de demonstrar que, ao contrário de adultos, que apresentam muitos ecossistemas microbianos distintos, os microbiomas das crianças recém-nascidas parecem ser mais ou menos os mesmos. Se elas nascem pela vagina, seus micróbios se parecem com os das comunidades vaginais da mãe; se nascem de cesariana, seus micróbios se parecem com os encontrados na pele de adultos, uma comunidade completamente diferente.[6] Os nascimentos por cesárea estão associados a taxas mais altas de um amplo leque de doenças relacionadas com o microbioma e/ou o sistema imunológico, como asma[7] e talvez obesidade,[8] alergias alimentares[9] e eczema atópico (um tipo de reação na pele),[10] embora haja conflitos entre diferentes estudos neste momento. Porém, que ninguém entre em pânico caso tenha nascido de cesárea ou tenha tido filhos assim. O resultado mais provável é que tudo fique bem. Estamos falando de aumento de riscos relativamente pequenos.

No entanto, é compreensível que a não exposição a uma comunidade de micróbios à qual estejamos adaptados possa conduzir a problemas de saúde. Até o século passado, aproximadamente, todo ser humano que chegava à idade adulta tinha nascido pelo canal de parto e tinha sido revestido com sua comunidade de micróbios. Foi por esse motivo que, quando a minha filha nasceu de uma cesárea não planejada, nós a pincelamos com os micróbios vaginais que ela teria recebido naturalmente. Na falta de orientação oficial sobre como proceder, nós fomos de cotonete mesmo!

Ainda não sabemos se isso teve algum efeito em nossa filha – não é possível obter uma estatística significativa com o exemplo de um bebê. Mas o meu laboratório está conduzindo um estudo piloto com a dra. Dominguez-Bello para testar se isso tem algum efeito mais geral. Até o momento deste texto, conseguimos confirmar que os bebês de nascimento vaginal e cesariano apresentam diferentes microbiomas imediatamente após o parto (assim como fez um grupo canadense que conduz uma pesquisa semelhante[11]), embora ainda não tenhamos informação suficiente para determinar se – e como – isso tem algum impacto sobre a saúde mais adiante.

É também difícil distinguir os efeitos de uma cesariana *versus* um parto normal, pois depois que nascemos os nossos microbiomas rapidamente ficam bastante complexos. No instante do nascimento, todo mundo que chegou aqui pela vagina apresenta microbiomas bem semelhantes. Mas, quando nos tornamos adultos, as diferenças entre nós são imensas.

Se somos tão diferentes uns dos outros, talvez alguém se pergunte com quem temos mais semelhanças. Será com as pessoas que se alimentam das mesmas comidas que a gente? Com os parentes com quem dividimos a casa? Com os habitantes de nossa cidade ou continente? A verdade é que todos esses fatores influenciam os microbiomas, e nós estamos apenas começando a descobrir que alguns são mais importantes que outros.

Um dos períodos mais intensos em relação ao desenvolvimento de nossa microbiota (ou seja, os micróbios propriamente ditos, enquanto *microbioma* se refere aos genes deles) acontece enquanto somos crianças. Um estudo desenvolvido por Ruth Levy, professora de microbiologia da Cornell University, e pelo meu laboratório acompanhou uma única criança ao longo de 838 dias de vida, desde o primeiro cocô.[12] Descobrimos que o microbioma intestinal do menino nascido pela vagina parece, inicialmente, ter no cocô a comunidade vaginal da

MICRÓBIOS ENCONTRADOS NAS FEZES DE BEBÊS DO SEXO MASCULINO

- MICRÓBIOS ORAIS DE ADULTOS
- MICRÓBIOS VAGINAIS DE ADULTOS
- MICRÓBIOS DA PELE DE ADULTOS
- MICRÓBIOS FECAIS DE ADULTOS
- MICRÓBIOS FECAIS DE BEBÊS MENINOS

NO NASCIMENTO, OS MICRÓBIOS DOS BEBÊS LEMBRAM OS MICRÓBIOS VAGINAIS

DIA 1

À MEDIDA QUE O BEBÊ CRESCE...

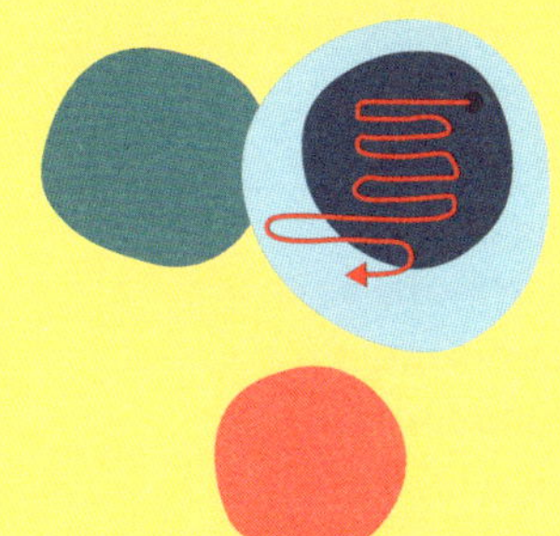

SEUS MICRÓBIOS MUDAM...

O MENINO RECEBE ANTIBIÓTICOS

QUE CAUSAM UM RETROCESSO EM SEUS MICRÓBIOS...

≈ DIA 700

OS MICRÓBIOS DO MENINO SE RECUPERAM...

OS MICRÓBIOS FECAIS DO MENINO FINALMENTE COMBINAM COM OS DE UM ADULTO.

DIA 838

KOENIG ET AL., 2011

mulher adulta (o que é esperado nesse tipo de parto), e por fim fica parecido com o microbioma normal de um adulto. Mas, no intervalo entre esses dois pontos, quanta variação!

Dia após dia, as diferenças entre as comunidades das fezes são maiores do que as diferenças entre os micróbios fecais de duas pessoas saudáveis. Em alguns casos, a diferença entre os micróbios de uma semana para a seguinte é maior do que a diferença observada em 250 adultos que acompanhamos em outra pesquisa relacionada a essa. Em termos microbiológicos, o menino no início se parece um pouco com um urso (os ursos apresentam um intestino muito simples devido à sua dieta rica em carne) e depois acaba ficando parecido com um macaco. Um traço que fica evidente de imediato corresponde a um período quando a criança recebe antibiótico devido a uma infecção no ouvido, o que faz não só que se pareça com uma pessoa diferente, mas também com uma espécie diferente. No entanto, depois de poucas semanas de recuperação, o menino volta ao estado microbiano de um adulto. Isso gera questões relativas à frequência com que administramos antibióticos às crianças e a nós mesmos.

A alimentação também ajuda a formar o nosso microbioma, desde bem cedo. Existem alterações substanciais associadas ao aleitamento materno *versus* mamadeira preparada. Uma criança que mama no peito fica exposta a micróbios especiais encontrados no leite materno, além de açúcares especiais desse leite, que propiciam um aumento de micróbios benéficos.
O nosso microbioma então se desenvolve mais quando passamos para o alimento sólido. Nesse estágio, por

volta dos seis meses, intervenções de curto prazo na alimentação tendem a não ter grande impacto no microbioma, comparadas às diferenças microbianas entre pessoas diferentes. No entanto, a longo prazo, a gente é o que a gente come: a alimentação, depois de alguns anos, apresenta um dos maiores efeitos no microbioma intestinal, ajustando o equilíbrio de dois dos grandes grupos de bactérias que digerem proteína e fibra.[13]

Essas duas categorias de bactérias intestinais também são responsáveis por um aspecto pouco celebrado da diversidade global: os microbiomas intestinais. Isso mesmo: juntamente com as diferentes culturas e idiomas, diferentes populações mundo afora apresentam micróbios distintos em seus intestinos. A categoria de criaturinhas conhecida como *Bacteroides* predomina em pessoas que se alimentam de dietas ricas em carne (estou de olho em vocês, Estados Unidos e Europa), enquanto a de *Prevotella* é mais abundante em intestinos de quem tem dieta rica em cereais.[14] Mas a variação é ainda mais complexa. Por exemplo, os microbiomas norte-americanos e europeus são diferentes uns dos outros – mesmo pessoas de regiões menores, como Espanha e Dinamarca, podem ser diferenciadas pelos seus micróbios[15] –, mas são mais parecidos uns com os outros do que são em relação aos microbiomas de pessoas de um estilo de vida mais tradicional. Em comparação com as pessoas dos Estados Unidos, agricultores do Maláui, que se alimentam sobretudo de milho, e da Venezuela, que comem principalmente mandioca, apresentam mais *Prevotella*, de acordo com sua dieta rica em fibras, mas talvez também devido a diferenças genéticas ou ambientais.[16] Podem surgir diferenças até em escala menor. Por exemplo, os japoneses apresentam

genes da espécie marinha de *Bacteroides*, que decompõem algas marinhas no intestino, talvez devido a uma adaptação decorrente de comer sushi.[17] (Observação: Esses genes não foram observados na população de St. Louis, estudada pelo meu laboratório,[18] e o que posso dizer em relação a isso é que se ninguém ainda experimentou o sushi de St. Louis, recomendo que não faça isso.)

Talvez alguém se pergunte como, de fato, a dieta manipula o microbioma. Bem, o jeito é continuar se perguntando, pois foram feitas pouquíssimas pesquisas sobre esse mecanismo até agora – embora as conexões já descobertas indiquem que há efeitos permeáveis entre dieta e má nutrição, risco de infecção e acnc.

Em seguida, chegamos às influências ambientais sobre o microbioma, que são significativas na infância porque, convenhamos... alguém já observou criancinhas? Elas enfiam o dedo em tudo e depois levam esse dedo nojento à boca. No fim das contas, isso acaba não sendo ruim.

As crianças que apresentam maior diversidade de comunidades microbianas quando pequenas – as que foram expostas a um leque de influências, como irmãos, bichos de estimação ou a vida em fazendas ou perto delas – tendem a apresentar taxas menores de problemas no sistema imunológico, como a rinoconjuntivite, também conhecida como febre do feno, do que as crianças que crescem nas cidades.[19] Mesmo adultos, nós compartilhamos um monte de micróbios com membros da família, inclusive com os membros peludos. Assim como é possível combinar uma pessoa com o *mouse* do computador devido aos micróbios que ficam nele, também é possível combinar uma pessoa com o companheiro de residência ou com o cachorro, com uma acuidade bem razoável, por causa dos micróbios que compartilham.[20]

A maior parte das coisas que fazemos não altera muito os micróbios, porque os nossos microbiomas permanecem distintos mesmo à medida que envelhecemos. O microbioma de uma pessoa vai ser sempre diferente do de seus vizinhos desde o primeiro dia no jardim de infância até o momento da aposentadoria. Elaborei um vídeo com o mapeamento da variação cotidiana normal existente entre duas pessoas – no caso, Amanda e eu. Nós dois retiramos amostras diárias de nosso corpo durante um período de seis meses. (Ela encarou um monte em nome do microbioma!) Ela parou, mas eu ainda continuo, depois de mais de cinco anos. O vídeo ilustra que nós conservamos a nossa identidade microbiana distinta ao longo desse período de seis meses,[21] embora moremos juntos e tenhamos um bocado de oportunidades excitantes e glamorosas de trocar micróbios. Em cada região do corpo, o nosso microbioma permaneceu distinto, embora haja uma variação considerável de um dia para outro. As coisas que fizemos de diferente durante esses seis meses – viagem a um lugar novo, refeição exótica e assim por diante – não tiveram grande efeito em comparação com as diferenças entre os nossos microbiomas como um todo.

Mais adiante na vida, as pessoas tendem a apresentar mais comunidades microbianas variadas em geral. (Pelo menos é o que ocorre com idosos saudáveis; baixa diversidade de microbiomas tem sido associada tanto a internados em hospitais como a resultados piores em termos de saúde.[22]) No entanto, em um aspecto, os últimos dias de nossa vida se parecem com os iniciais: as proteobactérias como a *E. coli* e seus parentes tendem a ser mais comuns tanto em idosos quanto em crianças. Ainda não sabemos por quê. Talvez seja porque elas estejam recolonizando os intestinos adoentados dos idosos e colonizando os intestinos subdesenvolvidos das crianças – as proteobactérias costumam ser a praga que cresce mais rápido nos microbiomas.

Se alguém tivesse que substituir o microbioma, será que gostaria de ter os micróbios de uma pessoa centenária ou de uma criança ou de alguém da mesma idade? É possível que os centenários tenham microbiomas intestinais especialmente saudáveis, e seja por isso que chegaram a essa idade. Por outro lado, é também possível que os micróbios de seus intestinos, apesar do serviço heroico, estejam batendo os últimos flagelos e, portanto, transplantá-los não seria aconselhável. Da mesma maneira, transplantar um microbioma jovem pode parecer uma boa forma de obter uma comunidade nova e vigorosa, apta a se desenvolver normalmente. Suponhamos, porém, que um micróbio tenha um efeito benéfico na juventude e um efeito prejudicial em uma idade avançada. Há tão pouca pesquisa que, a essa altura, a ciência não consegue nos ajudar. Por ora, é provavelmente melhor adiar qualquer transplante de cocô experimental. (Veja mais sobre isso no capítulo 5.)

3 Na saúde e na doença

Tanto como cientista quanto como ser humano, estou sempre surpreso diante das descobertas sobre o poder que o microbioma tem de nos definir e moldar. Mas o que me entusiasma mais é a perspectiva real de que ele tenha o poder de nos curar, à medida que venhamos a conhecê-lo melhor e mesmo influenciá-lo.

Já estamos começando a relacionar os nossos micróbios com um espectro amplo de doenças específicas, desde as óbvias – como doenças infecciosas e doença inflamatória intestinal – até algumas surpreendentes, como esclerose múltipla, autismo e depressão.

Vale observar que só porque sabemos que um micróbio está envolvido em uma doença específica não significa que a solução – ou que a cura – seja eliminar esse micróbio. Na verdade, fazer isso talvez leve a prejuízos irreversíveis. Voltar a atenção para a alimentação ou para a inibição de uma enzima (uma proteína que acelera uma reação química específica) talvez acabe sendo mais eficaz do que atacar os micróbios diretamente. E, no entanto, a razão para haver tamanho entusiasmo com o microbioma é a perspectiva de descobrir mecanismos completamente novos para tratar problemas que resistem às terapias existentes.

Mas, primeiramente, cabe perguntar: Como é que sabemos que certos micróbios estão associados a uma doença em particular?

Os casos mais fáceis de perceber são aqueles em que um micróbio específico tem um impacto significativo na saúde, o que essencialmente descreve os últimos 150 anos de pesquisa em doenças infecciosas. Se uma pessoa fica exposta a um micróbio como *Salmonella* ou *Giardia* ou *Mycobacterium tuberculosis* (ou bacilo de Koch, a bactéria que causa a tuberculose), espera-se que fique doente. E aí, se ela é tratada com o antibiótico correto (ou com outro medicamento), espera-se que melhore.

Mas... epa! Sempre ficamos doentes só porque fomos expostos a micróbios?

Na verdade, o risco de adoecer depende da combinação de exposição, desenho genético e outros fatores. Algumas pessoas nascem com resistência a certas doenças. Um caso famoso é o de Mary Mallon, conhecida como Maria Tifoide, uma cozinheira de Nova York do início do século XX que hospedava a bactéria que causa a febre tifoide. Ela contaminou uma família atrás da outra com sua excelente culinária, que levava uma dose de seus micróbios não muito bons. Mary, porém, nunca ficou doente. Ela era naturalmente imune à febre que hospedava. De onde vinha essa resistência? Bem, são essas questões que tornam os estudos em camundongos tão populares entre os pesquisadores: além do fato de conseguirmos causar uma infecção num camundongo de forma mais ética, também podemos manipular o genoma deles. Com essas pesquisas, aprendemos que a suscetibilidade a praticamente todos os tipos de infecção depende muito da genética. E versões da Maria Tifoide em camundongo são fáceis de criar em laboratório – não apenas com a febre tifoide, mas também com uma porção de outras infecções. Isso é uma prova de que nossos genes influenciam quais micróbios nos fazem adoecer.

Estamos começando a compreender que talvez existam muito mais doenças quando estamos todos expostos aos mesmos micróbios, mas que só são perigosas para algumas pessoas. Ainda são necessárias mais pesquisas para explicar *por quê*.

Enquanto isso, segue uma coletânea das principais doenças nas quais suspeitamos que os micróbios desempenham algum papel.

Doença inflamatória intestinal

A doença inflamatória intestinal (DII) engloba um diagnóstico de inflamações do trato intestinal. As principais doenças sob o rótulo de DII são a colite ulcerativa e a doença de Crohn. O que elas têm em comum é a relação alterada entre os micróbios intestinais e o sistema imunológico. Em uma tentativa de atingir os patógenos que nos afligem, o organismo inicia uma guerra contra todas as criaturas dos intestinos, gerando como efeito colateral dor intensa, sangramento e idas muito frequentes ao banheiro.

Um sinal típico dessa doença é um aumento na abundância de certas bactérias. O que é particularmente interessante é que os micróbios nos pacientes não parecem se comportar normalmente: o metabolismo deles fica desligado; eles comem e secretam substâncias diferentes. Ainda não sabemos se esse comportamento alterado é causado pela resposta imunológica ou se os micróbios são a causa. O nosso sistema imunológico não faz uma lista de micróbios bons e maus, bem como não se preocupa com o seu comportamento bom ou ruim. Ele não funciona como o FBI ao conduzir uma caçada ao famoso ladrão de bancos John Dillinger. Pelo contrário, funciona como o segurança do banco, que se atrapalha todo e manda bala quando alguém se inclina sobre o balcão e começa a enfiar a grana numa sacola.

Também não está claro se essas doenças inflamatórias dos intestinos são causadas por alguma mudança no microbioma ou se existe algo nos genes dos atingidos que leva ao desvio das relações normais entre o corpo e os micróbios dos intestinos, sendo essas alterações apenas uma reação da população microbiana. Ou talvez seja uma combinação dos dois fatores?

A doença celíaca está relacionada a uma inflamação intestinal e também envolve um elemento do sistema imunológico: quando os celíacos se alimentam de produtos à base de trigo, as proteínas naturais do glúten do trigo ativam o sistema imunológico, que ataca as paredes dos intestinos, rasgando-as. A doença celíaca foi originalmente identificada e batizada pelo médico grego Areteu, da Capadócia, no século I ou II a.C., mas não ficou muito conhecida até o médico holandês Willen-Karel Dicke observar, durante a Segunda Guerra Mundial, no "Inverno de Fome" de 1944-45, que seus pacientes celíacos sobreviviam melhor com a falta de trigo. (Dicke seria o pioneiro da dieta sem glúten.) Já houve muito interesse em relação à doença celíaca estar ou não vinculada ao microbioma, mas até agora nenhuma pesquisa descobriu alguma tendência consistente ao associá-la com os micróbios. Embora muitos estudos consigam encontrar diferenças entre o microbioma de celíacos e pessoas saudáveis, as bactérias dos celíacos se diferenciam de um estudo para outro.

Obviamente, o padrão deve ser complexo, e serão necessárias mais pesquisas para compreender se as bactérias dos intestinos contribuem para a doença celíaca ou simplesmente reagem à dieta alterada e sem glúten dos pacientes.

Obesidade

Até viajar para o Peru, em 2008, eu costumava pesar bem mais. Amanda e eu percorremos uma trilha inca e depois passamos uma semana na Amazônia, onde ambos contraímos uma maldita diarreia – coisa não muito desejável numa barraca. Bastou nos recuperarmos para que a diarreia voltasse. A fim de tratá-la, tomamos doses do mesmo antibiótico. Ao voltarmos para casa, retomamos mais ou menos a mesma alimentação e as mesmas atividades físicas de antes da viagem. Só que eu perdi cerca de 30 quilos em poucos meses, passando da obesidade a um peso saudável.

A diferença foi notável. Tive que comprar calças novas, e meus colegas me chamavam de lado para me perguntar se estava com câncer ou se estava acontecendo alguma coisa. Já Amanda não perdeu peso nenhum. Acredito que essa diferença esteja relacionada a uma mudança radical de meus micróbios: nós dois reagimos de forma diferente à mesma doença e ao mesmo tipo de tratamento.

Embora, naturalmente, não possamos tirar conclusões científicas de uma pesquisa com apenas um casal, essa minha experiência espelha o que as pesquisas publicadas vêm demonstrando cada vez mais. Estamos aprendendo que existe um forte componente microbiano na obesidade. Camundongos de tamanho normal e sem germes que recebem um transplante fecal de um camundongo obeso ficam mais gordos. E esse experimento independe de o primeiro camundongo ser gordo porque foi engordado com uma dieta inadequada[1] ou porque tinha uma mutação genética que o fazia engordar.[2]

A gente pode se perguntar: São os micróbios que estão fazendo isso ou existe alguma outra coisa nessas fezes? Boa pergunta. A fim de responder a ela, Jeffrey Gordon, um gastroenterologista que dirige o Centro de Ciência Genômica e Sistemas Biológicos da Washington University School of Medicine em St. Louis, e uma equipe de pesquisadores de seu laboratório se perguntaram se seria possível isolar centenas de amostras individuais de bactérias de uma única pessoa, cultivar cada amostra em laboratório (sem o restante do material fecal), misturá-las em proporções semelhantes às da amostra original e então transferir as diferenças em peso, passando essas bactérias para um novo hospedeiro. De fato foi possível, e ficou demonstrado que eram os micróbios os responsáveis pelo ganho de peso – não um vírus, um anticorpo, um elemento químico nem nada nas fezes. O mais notável ainda: ao isolar a bactéria das pessoas magras, pudemos delinear uma comunidade microbiana que impediu o camundongo de ganhar o peso que normalmente adquiriria quando hospedado juntamente com um camundongo obeso e exposto a seus novos coleguinhas, os micróbios gorduchos.[3]

Tanto o meu como outros laboratórios ainda não conseguiram desenhar uma comunidade microbiana que de fato emagreça um camundongo (ou uma pessoa), embora, com certeza, esse seja o objetivo. No entanto, em pesquisas ainda não publicadas, outros grupos relataram o uso de antibióticos para atingir a bactéria que prolifera

CAMUNDONGO MAGRO (SEM BACTÉRIA)

+

BACTÉRIAS DE CAMUNDONGO GORDO

=

CAMUNDONGO GORDO

em uma alimentação rica em gordura, emagrecendo com êxito os camundongos mesmo quando se alimentavam de modo não saudável.

Muitos regimes drásticos para seres humanos visam agora o desenvolvimento do microbioma. Mas as evidências de que isso de fato funciona são limitadas. Simplesmente ainda não sabemos o suficiente sobre como certos micróbios afetam a digestão e a absorção a fim de fazer uma intervenção específica. Em 2011, pesquisadores da Universidade Harvard publicaram um estudo no *New England Journal of Medicine*[4] em que descobriram que certos alimentos estão associados com ganho de peso e outros, com perda. Ninguém vai ficar surpreso ao ouvir que batatas fritas estão associadas ao ganho de peso, muito mais do que qualquer outra comida. Mas, estranhamente, os dois alimentos mais associados com perda de peso são iogurte e oleaginosas, embora ambos possam ter alto teor de gordura. Afinal, o que está acontecendo? Bem, os micróbios talvez tenham algum papel nisso. Sabemos por meio de pesquisas com camundongos que certos micróbios, ou combinação de micróbios, estão associados com ganho ou perda de peso. Será que haveria uma relação entre alimentos específicos e micróbios que nos emagreçam?

Existem muitas evidências de que o que comemos altera o nosso microbioma, tornando-o mais habitável para algumas espécies e menos para outras. Gary Wu, um professor de gastroenterologia da Universidade da Pensilvânia, demonstrou que a dieta de longo prazo – de um ano ou mais – está bastante associada com o microbioma em geral. Foi a equipe dele que demonstrou que as pessoas que se alimentavam de muito carboidrato (massa, batatas, açúcar) tendiam a ter bastante *Prevotella*. E, ao contrário, as pessoas que se alimentavam de muita proteína, sobretudo carne (à moda ocidental), tendiam a ter muitos *Bacteroides*. Esses dois gêneros de bactérias nos ajudam a digerir e metabolizar o alimento, mas prosperam com alimentos diferentes. Ainda precisamos destrinchar que influência as bactérias *Bacteroides* exercem em doenças típicas do Ocidente, como a obesidade e a diabetes, mas existem correlações bem sugestivas. Entusiasma imaginar que podemos cultivar microbiomas mais saudáveis e magros alterando a nossa alimentação.

Algumas alterações alimentares podem mudar rapidamente os nossos micróbios. O biólogo sistêmico Peter Turnbaugh, então na Universidade Harvard, e seus colegas arrumaram alguns voluntários esforçados que deveriam virar veganos ou fazer uma alimentação fundamentalmente de carne e queijo. O veganismo gerou pouca alteração imediata em seus micróbios intestinais, mas a dieta à base de carne e queijo gerou mudanças da noite para o dia, aumentando os tipos de bactérias relacionadas a doenças cardiovasculares, como a *Bilophila wadsworthia*.[5]

Portanto, uma dieta suficientemente extrema pode ter efeitos ruins rapidamente: a questão é saber se existe alguma que exerça bons efeitos com essa rapidez.

Alergias e asma

A ideia de que a redução da diversidade microbiana leve a asma e a alergias remonta à pesquisa de David Strachan, do St. George's Hospital Medical School da Universidade de Londres. No final dos anos 1980, Strachan percebeu que os irmãos mais novos de famílias numerosas tendiam a apresentar taxas menores de rinoconjuntivite e alergias do tipo, e então sugeriu que pegar infecções dos irmãos mais velhos (sobretudo doenças típicas da infância) talvez ajudasse a treinar o sistema imunológico a identificar os invasores reais, não apenas os ácaros da poeira.[6,7] Essa ideia, conhecida como "teoria da higiene", sugeriu fundamentalmente que o excesso de limpeza pode levar a problemas imunológicos, uma vez que um sistema imunológico ocioso – sem o desafio dos patógenos bacterianos e virais com os quais o ser humano evolui – fica inquieto.

Desde o tempo de Strachan, o foco se desviou das infecções comuns, como sarampo, resfriados e gripes, que hoje são consideradas estritamente nocivas. Em vez disso, a moderna teoria da higiene se concentra na infância superlimpa, que isola as pessoas da diversidade de micróbios de fontes saudáveis, que vão desde o solo e as folhas a animais domésticos ou silvestres. Para compreender como isso funciona, pensemos no sistema imunológico como um rádio: se o sintonizarmos em uma estação específica, é possível ouvir música com nitidez, mas se a sintonia ficar entre as estações, pegamos ondas ao acaso, que geram uma estática barulhenta e desagradável. Da mesma maneira, o sistema imunológico pode encontrar alguma outra coisa para agarrar, se não houver nenhum sinal. Se tivermos sorte, vai ser o pólen ou a manteiga de amendoim que vai bloquear a "estática", causando alergias. Mas, se tivermos azar, o sistema imunológico talvez agarre as próprias células, causando diabetes, esclerose múltipla e outras doenças autoimunes. Traduzindo para os pais: ainda não se deve desafiar o sistema imunológico dos filhos, encorajando-os a comer carne contaminada, lamber chão de hospital, chegar perto de um morcego infectado de raiva ou se expor a micróbios nocivos desse tipo, porém, a moderna teoria da higiene afirma que encontrar bons micróbios por meio do contato com pessoas e animais variados e saudáveis pode funcionar como uma boa medicina preventiva.

Qual é a prova disso? Bem, as evidências vêm aumentando com rapidez, com a publicação apenas em 2014 de mais de um entre quatro dos artigos de que se tem registro. Erika von Mutius, do Hospital Pediátrico da Universidade de Munique, é pioneira nessa área. Ela demonstrou que a exposição a fazendas no início da vida reduz substancialmente o risco de alergias e asma,[8] e que um desses efeitos pode ser explicado pelo contato das crianças com palha, vacas, leite da fazenda e certas bactérias e fungos.[9-11] E o que dizer do impacto de nossas casas invariavelmente empoeiradas, que parecem hospedar irritantes de narinas de todo tipo, apesar de nosso empenho com a vassoura? Ao contrário das expectativas, Von Mutius e outros pesquisadores demonstraram que a exposição a alérgenos, como ácaros e pelos de gato, não servem de explicação para a incidência de asma.[12,13]

Algumas intrigantes descobertas recentes indicam que a exposição microbiana durante a gravidez, não apenas durante a infância, pode ser importante para reduzir as doenças alérgicas[14] (embora alguma precaução seja aconselhada, pois em camundongos os ataques virais ou mesmo os ataques virais simulados durante a gravidez podem provocar sintomas que lembram o autismo)[15]. Outras conclusões promissoras, ainda que preliminares, mostram que:

- Vários probióticos podem aliviar a doença atópica e a asma[16] (o *Lactobacillus salivarius* LS01, principalmente, pode reverter os sintomas da dermatite atópica em algumas crianças);[17]
- Alterar, com antibióticos, a microbiota de animais pode induzir doenças alérgicas;[18]
- Certas espécies de micróbios podem reverter as alergias alimentares em camundongos[19] ou até evitar que essas alergias se desenvolvam[20] – enquanto outros micróbios podem causá-las.[21]

Os dados segundo os quais a amamentação materna pode reduzir a incidência dessas doenças são um tanto equivocados: as poucas pesquisas robustas realizadas tendem a mostrar efeitos modestos ou mesmo nenhum efeito.[22,23] É curioso, mas simplesmente morar em um local com maior diversidade de micróbios (digamos, uma casa com quintal, em vez de um apartamento urbano longe de parques) parece diminuir o risco de doenças alérgicas.[24] E está claro que esse local pode ser dentro de casa, não apenas fora. A exposição a cachorros logo cedo, sobretudo no pré-natal[25] e no primeiro ano de vida,[26] parece reduzir o risco de alergias mais tarde. Surpreendentemente, demonstramos que ter cachorros, mas não ter crianças, aumentou a diversidade microbiana humana em casais que moravam juntos.[27] No entanto, a exposição a cachorros e gatos na adolescência aumenta o risco de asma e eczema.[28]

É complicado juntar todas essas primeiras evidências em uma prescrição para baixar o risco de asma e alergias das nossas crianças. Eu resumiria as recomendações da seguinte maneira: deve-se ter cachorro (iniciando bem cedo, no pré-natal é ideal); deve-se morar em uma fazenda onde as crianças estejam em contato com vacas e palha; devem-se evitar antibióticos muito cedo, e talvez tomar probióticos e amamentar (embora as provas referentes a esses dois últimos itens sejam ainda preliminares). Em geral, o contato com diversos micróbios, seja através de irmãos mais velhos, animais de estimação ou de criação – ou por meio da boa e velha brincadeira de rua –, parece ajudar, mesmo que os cientistas ainda estejam identificando os micróbios específicos envolvidos em tudo isso. Talvez a diversidade seja o mais importante.

Kwashiorkor, ou desnutrição intermediária

Longe da luta do mundo desenvolvido contra a circunferência da cintura, pesquisas em andamento vêm nos ajudando a compreender melhor os componentes microbianos em uma causa de profundo sofrimento humano. Kwashiorkor é uma doença escandalosa devido à barriga inchada que se projeta nas formas arruinadas pela fome daqueles que ela aflige. Durante muito tempo, pensava-se que fosse uma forma de má nutrição que ocorre quando falta proteína na alimentação.

Tal desnutrição é predominante em países com altos índices de insegurança alimentar, que é o termo técnico usado quando as pessoas não têm acesso confiável a alimentos nutritivos. Ou seja, o problema não poderia ser resolvido dando comida a essas pessoas? Nem sempre. Proporcionar mais calorias na forma de arroz ou milho não funciona. O que funciona é uma base suplementar de pasta de amendoim reforçada com açúcar, vitaminas e micronutrientes – um suplemento que pode salvar

85% de crianças desnutridas tratadas na África subsaariana, segundo um estudo. E os 15% restantes? O suplemento à base de pasta de amendoim não funciona com eles. Parece que a razão é que ela não é inteiramente uma forma de desnutrição, mas também um problema com o microbioma. Essa pesquisa mostra que o suplemento pode ser mais eficaz para mais crianças quando combinado com uma dose inicial de antibióticos para eliminar os micróbios ruins das crianças doentes.[29]

É ainda mais notável que às vezes os micróbios sejam *mais* importantes que a dieta. Muitos desses estudos são desenvolvidos em Maláui, onde Gordon orientou pesquisas porque a insegurança alimentar é violenta e a taxa de gêmeos idênticos é muito alta. O laboratório de Gordon colheu amostras fecais de gêmeos idênticos com a mesma dieta, em que um era saudável e o outro tinha kwashiorkor. Em seguida, eles colocaram os micróbios dessas amostras em camundongos geneticamente idênticos e sem germes. Os camundongos que receberam os micróbios do gêmeo saudável ficaram bem. No entanto, os que receberam os micróbios do gêmeo que tinha a doença perderam 30% de sua massa corporal em três semanas e morreram, quando não foram tratados. Eles conseguiam ser salvos, no entanto, com o mesmo suplemento à base de pasta de amendoim usado em crianças na clínica, com a alteração equivalente para um microbioma saudável.[30] Isso indica pronunciadamente que, em vez de uma deficiência proteica ser a causa de kwashiorkor, como se pensou durante muito tempo, a doença em si reside no microbioma, à espera de ser provocada pela escassez alimentar.

É irônico que o nosso microbioma consiga nos afetar tanto com uma teimosa obesidade quanto com uma desnutrição persistente. Só nos resta esperar que esse conhecimento possa nos unir para resolver os problemas dos países desenvolvidos e também dos subdesenvolvidos.

Estão surgindo algumas tendências gerais nas relações entre doenças e microbiomas. Por exemplo, aprendemos que as comunidades microbianas intestinais de menor diversidade têm sido associadas a obesidade,[31] doença inflamatória intestinal[32] e artrite reumatoide.[33] Peço desculpas por soar como um palestrante banal, mas há força na diversidade (microbiana). Assim como quem escuta apenas um tipo muito específico de música é mal preparado para outros, ou como um político sectário é despreparado para conversas estranhas a ele, também é mal preparado o organismo que não tenha ainda lidado com uma multiplicidade de micróbios.

Observamos que os tipos de bactérias que causam inflamações no corpo – sobretudo as proteobactérias (*E. coli* e seus parentes) e alguns tipos de *Clostridium*, do filo Firmicutes – estão associados a problemas de saúde como diarreia persistente, doença inflamatória intestinal e, em algumas pesquisas, com a obesidade. E existem patógenos individuais, como o *Vibrio cholerae*, que causa o cólera, com os quais devemos nos preocupar também. No entanto, o fato de uma pessoa apresentar um organismo em particular não significa que ele vai causar um problema ao seu ecossistema microbiano individual.

Mas tudo isso leva a outra questão interessante: Será que a influência dos micróbios vai além de nossos intestinos?

4 O eixo intestino-cérebro: Como os micróbios afetam o humor, a mente e muito mais

Uma coisa é saber que os micróbios de nossos intestinos se intrometem em nosso bem-estar ou na aparência de nossa cintura. Mas a mente, o humor, o comportamento – essas coisas que nos fazem ser quem somos – são elementos humanos e invioláveis, certo?

Talvez não.

Pode parecer maluquice, mas há evidências crescentes de que o nosso conjunto de micróbios se mete no que vamos ser e em como vamos nos sentir. Como será que os micróbios moldam o nosso comportamento? Tudo indica que em vez de mecanismos de menos, existem mecanismos de mais a serem contemplados.

De seu trono em nossos intestinos, os micróbios não apenas influenciam a digestão de alimentos, a absorção de remédios e a produção de hormônios, mas também podem interagir com o sistema imunológico e afetar o nosso cérebro. As várias interações entre micróbios e cérebro são denominadas "eixo cérebro-intestino"[1,2], e compreendê-las pode ter implicações profundas em nosso entendimento dos distúrbios psicológicos e do sistema nervoso.

Por exemplo, sabe-se agora que a depressão envolve uma reação inflamatória, e muitas bactérias benéficas nos intestinos produzem ácidos graxos de cadeia curta, como o ácido butanoico, que auxilia a alimentação das células das paredes intestinais, reduzindo inflamações.

CAMUNDONGO
ANSIOSO
CAMUNDONGO
MEDICADO
COM M. VACCAE
RESISTE AO
ESTRESSE E
FICA TRANQUILO

Recentemente, o microbioma foi associado à depressão em seres humanos, com a descoberta de que a bactéria *Oscillibacter* produz um elemento químico que age como tranquilizante natural, imitando a ação do neurotransmissor GABA (ácido gama-aminobutírico), que acalma a atividade nervosa do cérebro e pode levar à depressão.[3] A capacidade dos micróbios do solo, tais como o *Mycobacterium vaccae*, de regular o sistema imunológico humano é conhecida há muito tempo, e levou alguns pesquisadores, principalmente Graham Rook, da Universidade de Londres, a sugerir que talvez fosse possível usá-la para uma vacina contra o estresse e a depressão.[4] Ele propôs que não ter muito contato com nossos "velhos amigos" – micróbios da terra, aos quais os seres humanos sempre estiveram expostos ao longo da história da humanidade, mas dos quais se isolaram ao ir morar na limpeza – poderia explicar o rápido aumento da frequência de doenças envolvendo inflamação, como diabetes, artrite e até depressão.

Além do mais, com toda a sua influência na química de nosso organismo, os micróbios talvez consigam moldar a nossa mente à medida que nos desenvolvemos. O autismo é um caso especialmente curioso. Muitas pesquisas relataram que as crianças com transtornos do espectro autista têm microbioma intestinal diferente das crianças neurotípicas (muitas vezes, irmãos).[5] No entanto, como o autismo com frequência é associado a transtornos intestinais, como a diarreia, que por si só alteram o microbioma, fica difícil dizer se as diferenças se devem ao autismo ou à diarreia.

Sarkis Mazmanian, um verdadeiro visionário e membro da Fundação MacArthur, que ministra microbiologia no

Instituto de Tecnologia da Califórnia (mais conhecido como Caltech), criou, em camundongos, um tratamento extraordinário para sintomas semelhantes ao autismo baseado no microbioma. Talvez alguém pergunte: mas onde ele encontrou uma oferta de camundongos autistas? Mazmanian os cria. Para fazer isso, ele injeta em fêmeas grávidas um RNA de fita dupla, que é quimicamente semelhante ao DNA, mas desempenha papéis diferentes nas células. Do ponto de vista do sistema imunológico da mamãe camundongo, é como se fosse um vírus. Ele então acelera o ritmo, elevando a temperatura corporal e os níveis de citocina, e matando um monte de microbiota normal nesse fogo cruzado. Esses camundongos então dão à luz filhotes cujo sistema imunológico e microbioma são diferentes dos de ratinhos normais. E o resultado é que esses filhotes apresentam um conjunto de sintomas que lembram o autismo de seres humanos. Eles apresentam deficiências cognitivas e deficiências sociais – preferem ficar sozinhos a ficar com outros camundongos. Apresentam comportamento repetitivo, enterrando obsessivamente bolinhas de gude, e têm problemas gastrointestinais.

Mazmanian descobriu que alguns desses sintomas parecem se dever a uma molécula chamada 4-SPE (substância polimérica extracelular), que é produzida em excesso pelo microbioma alterado. Injetar 4-SPE em filhotinhos de camundongos recria sintomas de autismo. E oferecer-lhes uma mostra probiótica de *Bacteroides fragilis* reverte alguns desses sintomas, inclusive os gastrointestinais e as deficiências cognitivas.[6] Antes, porém, que alguém vá correndo até uma loja atrás de *B. fragilis*, é preciso lembrar que algumas cepas de bactérias benéficas a uma espécie podem ser letais para outras. Até que sejam concluídos os experimentos em humanos, é prematuro – e até perigoso – ingerir qualquer probiótico para resolver o autismo.

Dito isto, a ideia de que podemos isolar os elementos químicos responsáveis por um sintoma específico – mesmo envolvendo o cérebro – e depois identificar a bactéria que produz ou que elimina essa química é muito excitante.

Nossos passageiros microscópicos também conseguem influenciar o que fazemos ou como pensamos. Às vezes os nossos genes determinam quais bactérias nos habitam, e depois essas bactérias se viram e influenciam como nos comportamos. Isso está muito bem demonstrado nos camundongos sem um gene chamado TLR5 (receptores toll-like), que faz com que comam em excesso e consequentemente fiquem obesos. Conseguimos comprovar que são os micróbios que fazem isso em dois experimentos separados. Em um, transferimos os micróbios dos camundongos sem TLR5 para camundongos geneticamente normais, que então comem em excesso e ficam gordos. Na outra pesquisa, usamos antibióticos para limpar os micróbios dos camundongos sem TLR5 e observamos o apetite deles voltar ao normal. É surpreendente imaginar que um beliscão genético consiga criar micróbios intestinais que afetam o comportamento, e que esse comportamento possa ser transferido para outro estômago, alterando o comportamento do antes normal hospedeiro.[7]

No entanto, o apetite não é o único comportamento que os micróbios influenciam. A ansiedade é outro. Permutar os micróbios entre duas linhagens geneticamente distintas de camundongos também troca o seu desempenho em testes de ansiedade. Camundongos menos ansiosos que recebem os micróbios de camundongos mais ansiosos ficam mais ansiosos e, analogamente, os micróbios de camundongos menos ansiosos podem acalmar os mais ansiosos.[8] Sven Pettersson, microbiologista do Instituto Karolinska, na Suécia, criou uma maneira elegante de testar essa reação.

Pettersson observou uma ansiedade maior em camundongos sem germes – nascidos em uma bolha, sem nenhum micróbio próprio – do que em camundongos normais. No entanto, se ele transferisse as bactérias normais para os camundongos logo no início, pouco tempo depois de nascerem, eles cresceriam e se comportariam da mesma maneira que os camundongos normais. No entanto, se fossem colonizados apenas algumas semanas depois, eles apresentariam comportamento ansioso, como os camundongos sem germes. Assim, observamos que, pelo menos em camundongos, os micróbios agem na primeira infância, alterando o comportamento irreversivelmente.[9]

Também já foi demonstrado que probióticos específicos alteram o comportamento, tanto em camundongos quanto em seres humanos. Existem agora mais de quinhentas pesquisas relacionando os probióticos ao comportamento, sobretudo ansiedade e depressão. Por exemplo, o probiótico *Lactobacillus helveticus* consegue diminuir a ansiedade em camundongos,[10] e o *Lactobacillus reuteri* consegue reduzir a probabilidade de o camundongo vir a desenvolver infecções quando estressado.[11] Em camundongos, foi relatado que o *Lactobacillus rhamnosus GG* reduz os comportamentos obsessivos-compulsivos, como enterrar bolinhas de gude,[12] e, como já mencionamos na parte sobre o autismo, cepas do probiótico *Bacteroides fragilis* conseguem tratar alguns traços de autismo em camundongos, inclusive deficiências cognitivas e comportamentos repetitivos.[13]

É muito bom curar camundongos, mas, em algum momento, queremos conseguir melhorar os seres humanos também, que é o objetivo das ciências biomédicas. Ensaios clínicos de certos probióticos foram bem-sucedidos: os exemplos incluem os probióticos VSL#3 e LCR 35, comercialmente disponíveis para síndrome do intestino irritável,[14,15] e o *Bifidobacterium infantis natren*, para a doença celíaca na infância.[16] (A síndrome do intestino irritável e a doença celíaca são frequentemente associadas com quadros depressivos, sendo que algumas pesquisas relatam que cerca de 40% dos pacientes celíacos também sofrem de depressão, o que sugere também conexões intestinais-cerebrais.) Há ainda um caso do uso de probióticos para aliviar a síndrome da fadiga crônica.[17] Foi relatado que um coquetel de *Lactobacillus helveticus* e *Bifidobacterium longum* melhorou o humor de voluntários saudáveis.[18] Embora esta pesquisa ainda se encontre em seus estágios iniciais, as evidências de efeitos psicológicos decorrentes do microbioma alterado, mesmo em seres humanos, parecem promissoras. É comum a experiência pessoal de que mudando a alimentação, mudamos o humor. Como mudar a alimentação também altera os micróbios, é bem possível que alguns desses efeitos tenham um componente microbiano.

Se os micróbios conseguem mudar a nossa saúde e a nossa mente, a pergunta seguinte é: Podemos nos aperfeiçoar mudando os nossos micróbios?

SAIBA MAIS

Breve história dos micro-organismos

Na última metade do século XVII – pela primeira vez e talvez pela única vez na história –, a cidade holandesa de Delft foi importante. Existiu ali um negócio novo e lucrativo: a fabricação de imitações de porcelana chinesa, chamada "porcelana azul de Delft". O artista Johannes Vermeer estava criando trabalhos brilhantes que se tornariam, séculos depois de sua morte, algumas das mais valiosas pinturas existentes. No entanto, o mais importante de todos os trabalhos era o de Antonie van Leeuwenhoek, um negociante de tecidos.

Filho de um fabricante de cestas, ele trabalhou sozinho como aprendiz para se tornar um comerciante de têxteis. Leeuwenhoek conheceu assim a sua primeira lente, usando-a para inspecionar a mercadoria. O que mais o fascinou, porém, não foram os tecidos, mas esse vidro especializado com o qual os examinava. Por fim, Leeuwenhoek aprendeu por conta própria a soprar vidro e esmerilhar lentes, o que lhe permitiu xeretar os cantinhos do mundo e encontrar, nadando em gotas de água, criaturinhas que denominou "animálculos". Foi o começo da microbiologia.

Embora a notícia tenha levado mais uns cem anos para se espalhar, foi também o fim de algumas ideias ruins, mas muito persuasivas, da medicina. No tempo de Leeuwenhoek, a compreensão das doenças girava em torno de humores corporais e miasmas. Os humores eram uma espécie de combinação de tabela periódica, horóscopo e algum diagnóstico. A ideia era que existiam quatro elementos básicos – terra, fogo, água e ar –, que correspondiam aos quatro humores humanos e a quatro substâncias do corpo: bile negra, bile amarela, fleuma e sangue. Acreditava-se que as doenças e os estados emocionais eram causados por um desequilíbrio dos humores. O tratamento consistia em restaurar o equilíbrio, muitas vezes por meio de sangria, purgantes, ventosas e, se a pessoa tivesse sorte, mudanças alimentares. Ao mesmo tempo, acreditava-se que a doença se espalhava através do miasma, ou ar poluído, como a aragem vinda de corpos em decomposição ou de um pântano. Comparados com as teorias de doenças supernaturais e com o castigo divino, os humores e miasmas não só soavam sensatos, mas também ofereciam conselhos práticos e úteis, como, digamos, evitar o ar noturno no pântano, o que funciona mesmo que ninguém saiba que os mosquitos transmitem doença. ("Malária" deriva de *mala aria*: expressão italiana para "mal ar".) Só que estavam enganados.

Nos anos 1670, com seu microscópio, Leeuwenhoek descobriu o mecanismo da doença. Uma de suas primeiras ideias foi observar se seus animálculos poderiam explicar as diferenças na saúde bucal entre as pessoas que limpavam os dentes com regularidade e as que não o faziam. Ele inicialmente observou raspagens do próprio dente e de duas mulheres, tidas como sendo sua mulher e sua filha (um processo seletivo que os conselhos universitários da atualidade iriam com certeza desaprovar). Depois, ele se dirigiu às ruas de Delft e encontrou dois homens que juraram nunca ter escovado os dentes na vida. Pelas amostras obtidas desses dois homens saiu o primeiro relatório sobre bactérias associadas ao corpo humano.

Por volta dos anos 1680, Leeuwenhoek já tinha descoberto que existem micróbios diferentes em partes diferentes do corpo, e que as crianças têm micróbios distintos daqueles dos adultos. E Leeuwenhoek, estudando a própria evacuação durante um piriri, até mostrou que os micróbios estavam relacionados a uma doença específica, fazendo descrições reconhecíveis da *Giardia*, gênero de parasita eucarionte conhecido por gerações de naturalistas como responsável pela giardíase.

(Leeuwenhoek também foi a primeira pessoa a observar o esperma microscopicamente. Foi um feito significativo, embora seus contemporâneos não tenham ficado muito entusiasmados, apesar de ele garantir que não tinha obtido a amostra por meio de nenhum ato abominável, mas, sim, fresquinho, de seu próprio leito conjugal.)

No entanto, a ideia de que as doenças estivessem relacionadas a substâncias contagiosas que poderiam ser transmitidas de uma pessoa a outra antecede Leeuwenhoek. Por que a descoberta dele não deu origem imediatamente à teoria do germe? Em primeiro lugar, com o nível de ampliação que ele empregava, ficava difícil distinguir micróbios diferentes. Por outro lado, Leeuwenhoek talvez tenha partilhado o seu microscópio com outras pessoas, mas não o comercializou muito nem contou a ninguém como fazia as lentes (na época, as melhores lentes do mundo). Esse segredo ele levou para o túmulo.

O que atrasou a teoria do germe foi outra má ideia persuasiva então predominante: a geração espontânea de vida. Era amplamente aceito que a vida podia surgir de matéria não viva, com vermes saltando do solo e larvas da carne, como o orvalho nas flores. De acordo com essa teoria, os micróbios não eram importantes, mesmo que variassem nos estágios das doenças. Talvez a própria doença os criasse, sendo um sintoma dela tanto quanto uma lesão cutânea ou uma pústula.

Passaram-se quase duzentos anos até que várias pecinhas do quebra-cabeça se juntassem, proporcionando a compreensão atual da doença infecciosa.

Em 1847, Ignaz Semmelweis, um médico húngaro, concluiu o seu trabalho inovador demonstrando que a taxa de mortalidade entre as mulheres diminuía drasticamente se os médicos esterilizassem as mãos entre tocar um cadáver e fazer um parto. Os contemporâneos de Semmelweis ridicularizaram essa sua descoberta: ele perdeu o cargo de Primeiro Clínico Obstetra no Hospital Geral de Viena e acabou sendo internado num asilo, onde era espancado, e logo (também ironicamente) contraiu uma infecção fatal.

Sete anos depois da descoberta de Semmelweis, o médico inglês John Snow percebeu que o cólera se relacionava com a água de beber e não com o ar viciado, como se acreditava antes. Ele identificou a origem de um surto de cólera em Londres como vindo de uma única bomba de água em Broad Street. A alça da bomba foi depois removida – mas, sendo a burocracia como é, só depois que a epidemia já tinha terminado. Um relatório posterior rejeitou as teorias de Snow, afirmando que "parecia impossível duvidar" que os miasmas causassem os surtos de cólera.[1]

Louis Pasteur, químico e microbiologista francês, estabeleceu um mecanismo para explicar tudo isso. Em 1859, Pasteur demonstrou que um caldo de nutrientes estéril em um frasco vedado não conseguia gerar vida espontaneamente; o crescimento de vida só ocorria se o frasco fosse quebrado, expondo o caldo aos micro-organismos presentes no ar – um experimento que nos rendeu a teoria do germe.

Em 1865, depois de ler o trabalho de Pasteur, o cirurgião britânico Joseph Lister desenvolveu métodos antissépticos que aumentavam dramaticamente a probabilidade de sobrevivência de seus pacientes – técnicas que, junto com os antibióticos, foram fundamentais para a cirurgia moderna.

Robert Koch, em 1877, escreveu as primeiras normas para relacionar um micróbio específico com uma doença específica. Segundo o bacteriologista alemão, a fim de comprovar uma causa microbiana, era necessário encontrar um micróbio em todas as pessoas com a doença, e a ausência dele entre as pessoas saudáveis. Depois, era preciso conseguir cultivar o micróbio em questão em uma cultura pura e usar uma mostra dessa cultura para infectar um hospedeiro saudável. Em seguida, para ter certeza de fato, era preciso colher uma mostra dessa pessoa infectada e cultivar a partir dela uma nova cultura que fosse igual ao micróbio original.

Se for possível comprovar que um micróbio causa uma doença de acordo com os procedimentos postulados por Koch, então, isso ficará *realmente* comprovado. Fazer isso, porém, não é simples. Assim como é difícil encontrar voluntários que se deixem infectar com uma doença, é impossível encontrar um conselho universitário que permita isso. E é por esse motivo que a moderna tecnologia de sequenciamento de DNA é tão importante. Ela revela os numerosos micróbios que vivem dentro da gente sem adoecer voluntários nem fazer culturas em laboratórios.

5 Investigando o nosso microbioma

Diante de tudo o que o nosso microbioma nos faz e faz por nós, vale perguntar: Podemos construir um microbioma melhor para nós?

Deveríamos. Alteramos o nosso microbioma o tempo todo. Quando alteramos o equilíbrio entre os cereais e proteínas que consumimos, ou mudamos o consumo de bebida alcoólica, mudamos o nosso microbioma. Ele muda se usamos sabonete antisséptico ou se nos prescrevem o uso de antibióticos.

Mas e se fizermos isso de propósito? Como seria uma medicina voltada para os micróbios?

Talvez ajude se pensarmos em nosso microbioma como um gramado.[1] Suponhamos que no início a gente tenha um gramado viçoso, com alguma diversidade – talvez um pouco de trevos misturados à grama. Para que ele cresça bonito, e a grama conserve a sua predominância sobre o trevo, talvez seja preciso fertilizá-lo. E é aí que entram os prebióticos.

Prebióticos

Talvez as pessoas não tenham ouvido falar deles, mas para os nossos micróbios, os prebióticos funcionam como fertilizantes, proporcionando nutrientes de que eles necessitam e que favorecem as espécies benéficas. Os prebióticos são principalmente fibras solúveis como o frutano (por exemplo, inulina, lactulose e o galacto-oligossacarídeo, que soa muito saboroso), que estão naturalmente presentes em algumas frutas e vegetais. Eles são fermentados por bactérias que moram em nosso intestino grosso, como a *Ruminococcus gnavus*, a fim de produzir ácidos graxos de cadeia curta, como o butirato, que oferece nutrição para as células das paredes intestinais.[2] Considera-se que os prebióticos reproduzam alguns dos benefícios das fibras dietéticas naturais, semelhantes às consumidas pelos nossos ancestrais, ao estimular micróbios que promovem a saúde.

Infelizmente, não existe nenhuma definição de prebióticos. De acordo com a Associação Científica Internacional de Probióticos e Prebióticos, os prebióticos são "substâncias não digeríveis que propiciam um efeito fisiológico benéfico para o hospedeiro ao estimular de modo seletivo o crescimento favorável ou a atividade de um número limitado de bactérias inatas".[3] Foram feitos alguns ensaios clínicos randomizados controlados[4] (o tipo de estudo que gera os resultados mais confiáveis) de prebióticos, que se mostraram benéficos para pacientes com doença de Crohn,[5] constipação[6] e resistência à insulina,[7] mas a maior parte desses ensaios clínicos até agora ainda está na fase de comprovar a sua segurança, e o número de participantes é em geral pequeno demais para extrair conclusões confiáveis sobre procedimentos.

Probióticos

O tal gramado então está com um aspecto viçoso, mas aí acontece algo terrível: uma inundação acaba com ele, ou alguma praga se dissemina nele. O que fazer? Talvez seja hora de replantá-lo seletivamente.

Os probióticos são sobretudo bactérias encontradas nos intestinos humanos ou em alimentos fermentados, como o iogurte. São exemplos espécies variadas de *Bifidobacterium* e de *Lactobacillus*. Os probióticos são definidos como micro-organismos vivos que, quando administrados em quantidade suficiente, beneficiam a saúde. Os probióticos são conhecidos como "bactérias boas" ou "bactérias úteis" e estão disponíveis como suplementos alimentares, em iogurtes e supositórios. Alguns produtos probióticos contêm uma única cepa de bactéria, enquanto outros apresentam um coquetel de espécies diferentes de bactérias ou fungos. Nos Estados Unidos, a Food and Drug Administration (FDA) ainda não aprovou nenhuma petição de produtos probióticos para a saúde, portanto eles são comercializados como suplementos alimentares. (Devemos ter cuidado! Veja abaixo.)

Houve vários ensaios clínicos para probióticos, sendo que o interesse por eles vem crescendo nos últimos anos, à medida que compreendemos melhor o microbioma. Algumas das evidências mais robustas são de apoio aos efeitos preventivos e terapêuticos dos probióticos na diarreia infantil[8] e na síndrome do intestino irritável em adultos.[9] Há aplicações promissoras que incluem a prevenção e a redução de casos graves de um problema intestinal em recém-nascidos denominado enterocolite necrosante. Futuramente, outras aplicações em potencial incluem o tratamento de obesidade, reduzindo os níveis de colesterol, e o controle da síndrome do intestino irritável. Existe um amplo leque de efeitos possíveis dos probióticos, que inclui produzir compostos antimicrobianos e evitar que bactérias nocivas venham a competir por nutrientes e prebióticos. O interessante é que os probióticos não precisam necessariamente sobreviver para fazer efeito – às vezes eles alteram o comportamento das bactérias intestinais ao atravessar os intestinos.[10]

Da maneira como as coisas estão agora, o problema com os probióticos é que existe muito mais publicidade e modismo do que pesquisa séria.

Alguém já deu uma olhadinha na seção de probióticos do supermercado ou lojas *on-line*? Talvez a loja mais perto de mim, em Boulder, Colorado, seja um exemplo extremo, mas o que vejo é uma seção inteira voltada para micróbios que, supostamente, vão melhorar a nossa saúde intestinal. Infelizmente, faltam evidências de que de fato algumas dessas cepas funcionem. Embora os princípios que inicialmente levaram a isolar muitos desses probióticos sejam sólidos (por exemplo, eles produzem ácidos graxos de cadeia curta como o butirato), ainda não foi comprovado que funcionem nessas condições. Também não está claro se esses preparados que compramos no supermercado contêm mesmo os organismos vivos, depois de terem sido transportados para lá e para cá e de terem ficado na prateleira. Os micro-organismos necessitam de condições muito específicas para sobreviver.

O maior problema é que muitas pessoas acham que qualquer probiótico serve, sendo que não pensaríamos assim com mais nada. Digamos que alguém conte a um amigo ou parente: "Eu não estava me sentindo bem. Aí, ouvi falar desse remédio, tomei e me senti melhor". Provavelmente, a pessoa ouviria algumas perguntas do tipo: "Que remédio foi esse?", "Por que tomou esse remédio e não outro?", "Existe alguma prova de que esse remédio funcione especificamente para esse seu problema?". Ou: "Em que buraco comprou isso?"

No entanto, essas perguntas não costumam ser feitas em relação aos probióticos (ou, na verdade, em relação a outras terapias à base de microbioma). Eu tive essa mesma conversa com uma parente próxima recentemente. Ela disse que não tinha se dado bem com dois tipos de probióticos para tratar da sua síndrome do intestino irritável, que tinha ressurgido depois de uma dose maciça de antibióticos. Perguntei-lhe como estava escolhendo os probióticos, e ela me disse que um tinha sido recomendado por um amigo, e outro, pelo farmacêutico. Sugeri que experimentasse um que tivesse algum ensaio controlado indicando que funcionaria para a síndrome do intestino irritável.[11] Ela reclamou que era muito mais caro, mas em seguida contou que ele tinha funcionado maravilhosamente, muito mais do que o anterior. Agora, quase um ano depois, esse probiótico conseguiu controlar a síndrome dela.

Embora um único exemplo não passe de simples anedota, isso reforça a questão de que quando se trata de algo médico, a ciência ajuda. Portanto, vale a pena perguntar ao médico ou ao farmacêutico se eles têm para recomendar probióticos baseados em ensaios randomizados controlados (ou seja, a mais robusta das pesquisas). Se não, é possível procurar as últimas pesquisas em revistas científicas (até o momento em que escrevo, não existem fontes que reúnam informações voltadas para os pacientes). Se isso não der certo, o iogurte com lactobacilos vivos não vai fazer mal e tem ajudado muita gente. Mas os dados limitados sobre ensaios indicam que até os diferentes tipos de iogurte diferem substancialmente no grau de ajuda que proporcionam.[12]

Transplantes fecais

No entanto, às vezes, a gente tem simplesmente que arrancar a grama e plantar uma nova.

As pessoas com doenças gastrointestinais graves podem literalmente evacuar até morrer. Uma dessas doenças é a diarreia associada ao *Clostridium difficile*. Que tem o *C. difficile* precisa ir ao banheiro várias vezes ao dia, e essa doença muitas vezes é perigosa. Nos Estados Unidos, é também uma das mais frequentes entre as infecções hospitalares, acometendo 337.000 pessoas todos os anos e matando 14.000.[13]

Muita gente toma antibiótico por causa da *C. difficile*, mas esse tratamento fracassa com frequência. Um complemento ou talvez uma alternativa ao tratamento à base de antibióticos seria oferecer ao paciente os micróbios de uma pessoa saudável. Um tratamento radical e experimental para a *C. difficile* é denominado "transplante fecal". É exatamente o que parece: um voluntário saudável, em geral um parente, faz a doação de uma mostra de fezes, que é então diluída e dada ao paciente. Existem duas maneiras de transplantar as fezes: a rota pelo norte e a rota pelo sul. Ambas são eficazes, curando 90% dos pacientes com *C. difficile*.[14]

Um trabalho que fiz em colaboração com o microbiologista Mike Sadowsky e com o médico Alex Khoruts, ambos da Universidade de Minnesota, mostrou que inicialmente os pacientes com *C. difficile* apresentam comunidades fecais que não se parecem em nada com as de adultos saudáveis, e seus micróbios fecais lembram os da pele ou da vagina. No entanto, poucos dias após o transplante fecal, as comunidades intestinais voltam ao normal, e os sintomas desaparecem. O transplante fecal tem o poder de restaurar todo o ecossistema microbiano dos intestinos. Até agora, isso só foi feito em casos dramáticos de *C. difficile*. Mas seu êxito tem sido notável, e os pesquisadores estão muito interessados em descobrir em que outras doenças ele poderia auxiliar. No laboratório, como já mencionamos, observamos que o transplante fecal consegue curar a obesidade de camundongos. Será incrível observar se podemos aplicar essas descobertas em tratamentos de seres humanos.

Vacinas

Continuando com a metáfora do gramado: E se a gente conseguisse que a grama não ficasse feia?

A vacinação é um dos tratamentos mais eficientes na saúde pública. As vacinas têm pelo menos 90% de eficácia contra as doenças que conseguem tratar,[15] e já salvaram mais vidas mundo afora do que qualquer outra inovação, exceto água limpa.[16]

As vacinas representam o grande triunfo da humanidade na saúde pública. Normalmente, precisam ser tomadas uma única vez ou poucas vezes, na infância, a fim de prevenir que doenças ocorram ao longo de uma vida inteira. A varíola acompanha a raça humana desde pelo menos o tempo dos faraós,[17] matando incontáveis milhões de pessoas e cegando mais ainda. Graças à vacinação, no entanto, ela foi erradicada.[18]

As vacinas são também bastante específicas: elas treinam o nosso sistema imunológico a reagir a apenas um tipo particular de bactéria – em geral, uma espécie ou uma cepa individual – e não atingem o restante das boas bactérias. Até agora, as vacinas foram usadas sobretudo para patógenos individuais, começando pelos mais perniciosos, por razões óbvias. No entanto, à medida que a lista de vacinas aumenta, tipos menos letais de micróbios têm sido alvo delas, inclusive bactérias e vírus que podem nos matar décadas depois de ter nos infectado e não imediatamente (como o papilomavírus humano, ou HPV, causa conhecida do câncer do colo do útero).

Diante do que agora estamos começando a descobrir sobre o papel de tipos específicos de bactérias em várias doenças contra as quais normalmente não há vacina, fica a pergunta: Será que poderíamos ter vacinas contra elas? Por exemplo, poderíamos desenvolver uma vacina contra a bactéria que produz um elemento químico denominado N-óxido de trimetilamina, que leva a problemas cardiovasculares,[19] ou contra a *Fusobacterium nucleatum*, que é encontrada em tumores do câncer de cólon,[20] ou talvez até contra tipos específicos de bactérias intestinais bastante eficazes – até eficazes demais – em extrair energia de uma alimentação ruim e nos deixar obesos?[21] A essa altura, isso tudo não passa de perguntas, mas o potencial é imenso.

Que tal vacinar contra a depressão ou contra o transtorno do estresse pós-traumático? De acordo com a OMS (Organização Mundial da Saúde), a depressão é agora a principal causa de incapacitação nos Estados Unidos, e está rapidamente se tornando muito comum no mundo desenvolvido. Esse aumento nas taxas de depressão combina com o aumento de outras doenças consideradas “ocidentais”, como a doença inflamatória intestinal, a esclerose múltipla e a diabetes – todas elas, como agora sabemos, com componentes imunológicos e microbianos. Será que as nossas diferenciadas bactérias do solo, que regulam o nosso sistema imunológico, estariam desempenhando algum papel nisso? Em experimentos com camundongos, a *Mycobacterium vaccae*, uma bactéria do solo, reduziu a ansiedade. É intrigante que, em uma situação social de estresse (fundamentalmente, camundongos pequenos são colocados em uma gaiola com camundongos bem maiores, dominantes, que batem nos pequenos), o tratamento com *M. vaccae* deixa os camundongos muito mais resilientes diante dos efeitos do estresse, o que talvez sirva de modelo para o tratamento de transtornos do estresse em seres humanos.[22] Graham Rook, microbiologista da Universidade de Londres, Chuck Raison, pesquisador da área de psiquiatria da Universidade do Arizona, e Chris Lowry, que ensina fisiologia integrativa na Universidade do Colorado, propuseram a possibilidade de criar uma vacina à base de *M. vaccae* para tratar a depressão, uns anos atrás,[23] e têm mostrado alguns dados bastante promissores com camundongos.

6 Antibióticos

Diante de tudo o que temos aprendido sobre o papel fundamental e complexo desempenhado pelos micróbios em quase todos os aspectos da nossa vida, é preciso que nos perguntemos: É sensato usar antibiótico com a frequência que usamos?

Amanda e eu levamos a nossa filha à sua primeira consulta médica quando ela só tinha dias de vida. A pediatra nos fez uma pergunta com todo o cuidado e a delicadeza de um dentista de zoológico com receio de que o leão não esteja anestesiado o suficiente. "Então", disse ela, "existem várias opiniões sobre as vacinas. Como é que vocês se sentem em relação a elas?"

Amanda e eu nos entreolhamos e respondemos: "Queremos todas as vacinas recomendadas para crianças, muito obrigado". Os Centros de Controle e Prevenção de Doenças dos Estados Unidos publicam um calendário de imunização infantil.

A pediatra não tem culpa. Ela só estava sendo sensível às preocupações (insanas) da comunidade de onde se originam os seus pacientes. Para mim, é desesperador constatar quanto as pessoas se preocupam com as vacinas e como não se preocupam com os antibióticos.

Consideremos o que aconteceu quando nossa filhinha nasceu. Assim que Amanda foi submetida a uma cesariana não planejada, ela recebeu antibióticos. E, minutos depois

ANTIBIÓTICOS

de minha filha nascer, os médicos pingaram antibióticos em seus olhos. Sem perguntar nada – simplesmente pingaram. Este é o tratamento padrão destinado a proteger os bebês da gonorreia, doença sexualmente transmissível, que pode causar conjuntivite em crianças.[1] Tínhamos certeza absoluta de que não tínhamos gonorreia! Mas o problema é que só muito depois descobrimos sobre esse antibiótico, tão difundido que seu uso não é revelado antes de ser administrado. As pessoas se preocupam com vacinas, embora quase todas essas preocupações sejam cientificamente infundadas ou já tenham sido descartadas de vez. Por exemplo, relatos de que certas vacinas causam autismo foram inteiramente descartados, a pesquisa que mencionava essa associação se retratou, e o autor foi impedido de praticar medicina na Inglaterra, sua terra natal.[2] É claro, as vacinas apresentam um risco, mas esses riscos estão bem documentados e são mínimos: em geral, ocorre 1 reação grave em 1 milhão.[3]

No entanto, é raro ouvir alguém recusar antibióticos, apesar de eles serem normalmente bem menos eficazes que as vacinas. Enquanto elas continuam sendo pelo menos 90% eficazes para muitas doenças, os antibióticos vêm se tornando menos eficazes, em parte devido ao uso inadequado ou ao excesso de uso, o que é responsável por disseminar rapidamente a resistência ao antibiótico,[4] conforme descreveu com muita eloquência Martin Blaser, um microbiologista médico da Universidade de Nova York, em seu livro *Missing Microbes: How the Overuse of Antibiotics Is Fueling Our Modern Plagues* [Carência de micróbios: Como o excesso de antibióticos abastece as nossas pestes modernas].[5] (Um fato grave: mais de 70% das bactérias que causam infecções nos hospitais norte-americanos são resistentes a pelo menos um dos antibióticos normalmente usados para tratá-las.)[6] Blaser argumenta – e muitos concordam com ele – que os antibióticos são o equivalente ao napalm das armas químicas. Eles prejudicam uma grande quantidade de organismos dentro de nós, exaurindo a nossa herança microbiana de maneiras que só estamos começando a compreender, e com graves consequências na saúde e na sociedade.

Os antibióticos são essencialmente venenos mais tóxicos para as bactérias do que para nós. As bactérias diferem muito de nós em bioquímicos. Às vezes, a diferença está no formato das moléculas que partilham conosco, como o ribossomo, que produz proteína. Outras vezes, a diferença é uma máquina molecular que elas fazem, mas nós não, como as enzimas que sintetizam a parede de suas células, sem equivalente nas células dos mamíferos. Os antibióticos atingem esses processos básicos – produção de proteínas, divisão, sintetização da parede celular, transporte dos nutrientes para a célula e assim por diante. Às vezes, os antibióticos abrem buracos nas paredes celulares ou na membrana celular de uma bactéria, fazendo que componentes essenciais vazem como de um saco de cereais rompido.[7]

Os antibióticos são relativamente seguros porque atingem os processos necessários à vida microbiana e deixam o restante das células em paz. No entanto, há riscos: além de realizar a destruição indiscriminada das "boas" e "más", os medicamentos podem ser enganados pelas bactérias, o que é preocupante. Os patógenos podem se adaptar aos antibióticos. A população de bactérias

consegue se reproduzir logo, o que permite que elas reajam com rapidez e flexibilidade às pressões evolutivas. Os antibióticos fazem essa pressão. Pior, algumas bactérias saem na frente porque já encontraram os antibióticos antes. Os antibióticos não são criados do nada; ao contrário, são descobertos no meio ambiente. Muitos dos compostos que usamos como antibióticos são antes usados pelos micróbios para se espalhar no meio ambiente,[8] sobretudo pelos micróbios do solo. Como as bactérias já têm conhecimento desses compostos, muitas espécies de micróbios já possuem níveis baixos de resistência. Mas a exposição constante a antibióticos seleciona os exemplares com maiores níveis de resistência em todas as espécies, inclusive as perigosas das quais queremos nos livrar.

Não temos que nos preocupar apenas com as bactérias associadas ao ser humano. Os genes resistentes aos antibióticos estão entre os que são mais comumente transferidos quando as bactérias fazem "sexo". As bactérias são incrivelmente promíscuas, e não só transam com a própria espécie, mas também com parentes bem mais distantes (veja a página 105 sobre a troca de material genético além da espécie). O que acontece nas criações tratadas com antibiótico acaba eventualmente voltando para os micróbios que residem nos seres humanos.[9]

Uma coisa seria se os antibióticos fossem empregados principalmente para tratar animais doentes, como são usados para tratar pessoas doentes. Mas os fazendeiros observaram já na década de 1950 que com doses baixas de antibióticos a criação ganhava peso muito mais rapidamente, mesmo com doses mais baixas que a dose terapêutica. Nos Estados Unidos, os animais são normalmente tratados com doses baixas de antibiótico só para aumentarem de tamanho e, consequentemente, de valor.

Esse é o pior cenário para a resistência a antibióticos. Enquanto doses altas de antibióticos matam (quase) tudo, doses baixas permitem alterações que tornam um bichinho um pouco mais resistente, de modo que quando um determinado bichinho virar realmente uma ameaça à vida, ele já recebeu todas as ferramentas e capacidades de que precisa para evitar as nossas tentativas de combate. Além disso, esses bichinhos sobrevivem e se espalham por todo o setor agrícola, e conseguem saltar espécies e infectar os seres humanos.[10] Por isso, em 2006, a União Europeia baniu o tratamento com doses baixas de antibiótico para a engorda de animais.

Isso nos leva a pensar: Se doses baixas de antibiótico engordam a criação, elas também nos engordam? Afinal, há traços identificáveis de antibióticos praticamente em todo o meio ambiente, inclusive em nossa água potável.

Para testar esse conceito, Blaser e seus colegas pesquisaram se os camundongos tratados com doses baixas de antibióticos ficaram mais pesados que os camundongos normais. De fato, ficaram, mostrando que os antibióticos afetam os camundongos assim como afetam os rebanhos e criações.[11] Também testaram se a repetição de doses altas de antibióticos, como as que costumamos usar quando as crianças têm uma infecção de ouvido, geravam ganho de peso em camundongos. De novo, a resposta foi sim.[12] Em uma segunda linha de pesquisa, Blaser colaborou com epidemiologistas – que estudam tendências na saúde de populações inteiras, não apenas de indivíduos – para saber se as pessoas que tomaram antibióticos logo cedo na vida mais tarde ganhavam mais peso do que as que não tinha tomado. Mais uma vez, a resposta foi sim: os antibióticos ingeridos nos primeiros seis meses foram especialmente associados com o crescente aumento de peso.[13] Como já vimos no capítulo 2, os antibióticos podem ter um efeito profundo no desenvolvimento dos micróbios em crianças, sendo talvez responsáveis por essa visível influência sobre a obesidade, mais tarde.

Fico preocupado sobretudo com o que os antibióticos fazem com a microbiota infantil. Os tratamentos de recém-nascidos com antibióticos, mesmo que breves, causam alterações significativas na composição de suas bactérias intestinais. Talvez seja ainda mais preocupante que os antibióticos perturbam os padrões normais de colonização da *Bifidobacterium*, um dos micróbios benéficos. A colonização de *Bifidobacterium* desempenha um papel fundamental no desenvolvimento do sistema imunológico infantil. O uso precoce de antibióticos pode, portanto, elevar os riscos de alergias e asma alérgica ao reduzir os efeitos benéficos da exposição aos micróbios. Uma grande pesquisa multidisciplinar descobriu uma associação entre o uso de antibiótico nos primeiros dias de vida e os sintomas de asma, rinoconjuntivite e problemas de pele como o eczema em crianças de 6 a 7 anos de idade.[14] E o uso precoce de antibióticos pode ter alguma relação com os níveis alarmantes de alergias alimentares entre as crianças norte-americanas. Uma equipe da Universidade de Chicago mostrou recentemente que camundongos jovens tratados com antibióticos têm maior probabilidade de desenvolver alergia a amendoim. Por outro lado, um tratamento com espécies de um tipo comum de micróbios chamados *Clostridia* trouxe alívio a eles – aparentemente, impedindo que as proteínas ofensivas do amendoim penetrassem a corrente sanguínea.[15]

Isso não significa que não devamos tomar antibióticos, que salvam vidas e são a única opção de tratamento eficaz em muitas circunstâncias. Ironicamente, um dos maiores problemas com os antibióticos é que eles fazem com que a gente se sinta melhor quase imediatamente. Talvez por isso sejam muito mais aceitos pelas pessoas do que as vacinas. Nós tomamos a vacina quando não estamos doentes, e ela diminui o risco da doença anos depois – o efeito dela é demorado e invisível. Mas, se estamos doentes agora, tomamos o antibiótico, e rapidamente nos sentimos melhor. Justamente aí reside o perigo, pois quando começamos a nos sentir bem, em geral ainda há muitas bactérias em nosso organismo. E se paramos de tomar o antibiótico assim que melhoramos, ele oferece às bactérias que conseguiram sobreviver às primeiras doses a oportunidade de continuar vivas e desenvolver completa resistência a esse antibiótico. Isso significa que o mesmo antibiótico pode não funcionar outra vez, e a pessoa pode infectar outras. Portanto, não se deve diminuir o antibiótico sem terminar de tomar a dose que foi prescrita: quando iniciamos, devemos tomar tudo.

Nós agravamos o problema porque usamos métodos pouco confiáveis para escolher o antibiótico adequado para a questão. Vi isso em casa quando a minha filha tinha mais ou menos 1 ano. Ela vinha tendo infecções por estafilococos na região da fralda. No dia do Ano-Novo aconteceu novamente, então nós a levamos à clínica, mas a pediatra estava de férias. O médico que a atendeu examinou as erupções e nos disse que poderia ser estafilococos. Eu afirmei que ele provavelmente tinha razão, pois tinha sido isso nas últimas duas vezes e lá estava ela de novo.

Por outro lado, ele disse, poderia ser estreptococos. Nesse caso, o tratamento padrão é o mesmo: tomar alguma amoxicilina. Ele disse que eles fariam uma cultura mesmo assim e que em três dias nós saberíamos o que era. Aviamos a receita, administramos o remédio, e a erupção passou. Os antibióticos são maravilhosos quando funcionam.

No dia 3 de janeiro, às 8 da manhã, recebemos um telefonema urgente do médico. Ele tinha voltado do feriado e encontrado os resultados do laboratório, que demonstravam que os estafilococos de nossa filha eram resistentes a penicilina. Como a amoxicilina não tem efeito em tais infecções, ele estava assustado e certo de que a saúde dela tinha piorado. Mas a amoxicilina *tinha* funcionado, e uma criança de 1 ano é nova demais para ter um efeito placebo.

Quando o médico soube que as erupções da minha filha tinham sumido, ele explicou que eles tinham feito teste para resistência a penicilina, mas não para resistência a amoxicilina, e elas eram ligeiramente diferentes. Além disso, talvez os estafilococos resistentes a antibióticos estivessem apenas na superfície e não na erupção propriamente dita. Tudo isso realça como são rudimentares os testes existentes para diagnóstico se comparados com as coisas maravilhosas que conseguimos fazer em laboratório. Os instrumentos de sequenciamento de DNA do prédio onde fica o meu laboratório poderiam completar esses testes com muito mais rapidez e com resultados mais definitivos. Não é culpa da clínica: as máquinas e técnicas que usamos no laboratório ainda não têm aprovação da FDA.

Como as infecções bacterianas são uma ameaça à vida – e seu diagnóstico rápido pode ser difícil –, os antibióticos são muitas vezes prescritos mesmo que seja baixa a possibilidade de a bactéria fatal na mira estar mesmo causando o sintoma. Acrescente a isso a exigência alta de pacientes ansiosos (ou de seus pais), e o efeito placebo, e eles acabam sendo prescritos muito mais do que o necessário. De certo modo, isso tem sentido: se supomos que o antibiótico apresenta risco baixo, pois não causa um efeito nocivo imediato e óbvio no nosso organismo, por que não o prescrever para prevenir?

Os antibióticos podem ter efeitos insidiosos a longo prazo: eles se tornam menos eficientes a cada vez que os tomamos e criam cepas de bactérias resistentes que colocam em perigo a população como um todo. Mais, os antibióticos de largo espectro, como a amoxicilina e a ciprofloxacina, que visam amplas faixas de espécies, prejudicam todo o nosso microbioma e não apenas os patógenos que estão tentando curar. O que nos tiraria dessa confusão seria um diagnóstico melhor e mais rápido. Já temos a tecnologia para fazer os testes chamados "reação em cadeia da polimerase" (Polymerase Chain Reaction, PCR) com relativa rapidez, que podem identificar positivamente vários patógenos. Eles são muito úteis sobretudo para constatar se alguém tem uma infecção viral, na qual os antibióticos não vão ajudar (os vírus não são bactérias, portanto, se uma pessoa pega um vírus, uma medicação antiviral é a prescrição mais adequada). Em breve, espero, essa tecnologia vai sair dos laboratórios e chegar aos hospitais.

Se uma pessoa tem uma infecção bacteriana, descobrir se ela é de uma cepa leve ou mortal e se é resistente a antibióticos demanda testes laboratoriais com o uso de cultura, anticorpos e análise de DNA que podem levar muitos dias. Aí, pode ser tarde demais. Tecnologias mais novas e mais rápidas, como a espectrometria de massa (que essencialmente consiste em verificar uma amostra com *laser* e usar uma escala muito precisa em nível molecular para pesar as moléculas) e o sequenciamento de DNA podem acelerar o processo e por fim salvar vidas. Essas tecnologias estão no horizonte: embora estejam disponíveis em laboratórios de pesquisa, vai levar alguns anos até estarem suficientemente aprimoradas para o uso clínico e com aprovação dos órgãos de saúde. E embora elas não estivessem à disposição de minha filha no início da vida dela, tenho certeza de que vão estar disponíveis para a prática de uma medicina mais inteligente quando ela atingir a vida adulta. Pois, se pudermos usar antibióticos apenas quando necessário, atingindo as infecções da forma mais precisa possível, poderemos prolongar a utilidade de nossos antibióticos e prejudicar menos o nosso microbioma.

7 O futuro

Quando você estiver lendo este livro, já será mais consistente o nosso conhecimento sobre o microbioma humano do que quando ele estava sendo escrito. O ritmo do progresso da ciência microbiana é tão surpreendente quanto as descobertas que estão sendo feitas: a cada passo dado, essas revelações prometem transformar e aprofundar o nosso conhecimento sobre o funcionamento básico de nosso organismo – e até a nossa mente.

Em poucos anos apenas, saímos da noção de que as células microbianas ultrapassam as células humanas para a descoberta de que os genes delas ultrapassam os nossos ainda mais, até chegar à compreensão de que os micróbios talvez venham a explicar uma porção de questões de saúde que até agora eram um mistério. E só nos últimos dois anos isso ficou barato o suficiente para que indivíduos possam pensar em colocar o seu alfinetinho particular no mapa microbiano, para ver como se relacionam com outras pessoas. Trata-se de um momento excitante no estudo dos micróbios – e vale o esfregaço a ser feito.

A nova fronteira microbiana vai muito além de nosso corpo. Estamos começando a compreender como os micróbios de todo lugar estão relacionados uns com os outros. As mesmas tecnologias que nos permitem ler o microbioma humano também podem ser aplicadas aos animais de estimação, criação, animais selvagens e ao

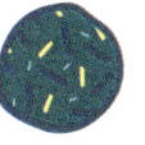

próprio planeta. Com o conhecimento recém-descoberto, é possível pensar nos micróbios como uma rede que conecta a saúde dos seres humanos, dos animais e do meio ambiente – e talvez até compreender como aprimorar os ecossistemas microscópicos de que vivemos e os ecossistemas que vivem em nós.

Algumas das mais interessantes possibilidades em potencial incluem:

- Exames baseados em nossos micróbios que nos digam como iremos reagir a analgésicos, medicamentos para o coração e adoçantes artificiais;
- Uma compreensão melhor de como o organismo de uma pessoa, inclusive seus micróbios, reage aos regimes e à atividade física, e o que ela deveria fazer para ser mais saudável;

- Uma melhor compreensão dos transplantes de fezes: o cocô de todo mundo tem o mesmo poder de cura, ou será preciso combinar doadores a receptores com mais precisão? E será que dá para fazer uma pílula de cocô em vez de transplante?

(Tudo bem! Talvez apenas um microbiologista goste dessas perspectivas!)

E, a longo prazo, estamos perseguindo com entusiasmo as seguintes provocações:

- É possível criar comunidades microbianas que protejam os seres humanos do ganho de peso, como fazemos com camundongos?
- É possível criar micróbios que vivam em nossa pele, repelindo os mosquitos? (Uma preocupação particularmente importante para Amanda.)
- Será que os micróbios poderiam ser usados não só para diagnosticar, mas também para curar o amplo espectro de doenças em que estão envolvidos, como já sabemos?

Há ainda um longo caminho a ser trilhado nesta viagem pelas descobertas microbianas. Somos muito bons em descobrir que micróbios florescem em um determinado ecossistema, mas ainda sabemos pouco sobre o que estão fazendo, como se comunicam entre si ou conosco. Também não sabemos quais são as consequências de perturbá-los sem intenção, seja usando antibióticos para eliminar bichinhos malvados ou inserindo novos tipos de micróbios por meio da alimentação, seja em nossas relações com outras pessoas e animais, seja no contato com o meio ambiente. Grande parte do desafio agora é que estamos alterando o microbioma diariamente, e fazemos isso de uma maneira essencialmente arbitrária e não direcionada. A grande força da ciência do microbioma vai ocorrer quando compreendermos o que precisamos fazer para obter um determinado efeito em todo o nosso ecossistema interno.

Para começar a criar esse sistema, centenas de cientistas estão envolvidos no Projeto do Microbioma Humano (Human Microbiome Project, HMP), no Projeto do Microbioma da Terra (Earth Microbiome Project, EMP) e no American Gut [Intestino Americano], junto com literalmente milhares de membros do público em geral, que ofereceram amostras (de suas fezes) e apoio. O HMP e o EMP foram criados para fazer um recenseamento genético do microbioma saudável e dos desvios dele em uma porção de doenças. O American Gut tem como objetivo ampliar esse recenseamento a fim de incluir uma diversidade maior de pessoas na saúde e na doença. O EMP espera ir além do ser humano e examinar as comunidades microbianas dos ecossistemas do planeta.

Todos os três projetos são renovadores, feitos para expandir a nossa capacidade de *descrição* para *prescrição.* A pesquisa a ser realizada no final não só vai render detalhados mapas microbianos da humanidade, mas também um tipo de GPS microbiano – um corpo de conhecimentos que nos dirá onde estamos, aonde queremos ir e como chegar lá.

APÊNDICE

O projeto American Gut

E se uma pessoa quiser saber do *seu* microbioma específico? E se essa pessoa quiser se colocar no mapa microbiano? Existe uma possibilidade.

Por volta do dia de Ação de Graças de 2012, período do ano em que muitos norte-americanos estão pensando nos intestinos, o antropólogo Jeff Leach e eu inauguramos o projeto American Gut [Intestino Americano].[1] Ele traz ao público em geral muitas das técnicas desenvolvidas tanto pelo meu laboratório quanto por outros para o Projeto do Microbioma Humano.

A principal renovação a possibilitar isso foi o sequenciamento de DNA mais barato. Agora é possível oferecer ao ávido cidadão-cientista uma oportunidade de participar dessas descobertas a um preço razoável. Atualmente, quem doar 99 dólares ou mais ao projeto tem a vantagem de reivindicar a informação sobre os tipos de bactérias presentes em sua amostra de microbioma, além de outras vantagens adicionais e mais caras, disponíveis para doações mais altas, que chamamos de "Uma Semana de Fezes". O objetivo do projeto é compreender os tipos de microbiomas existentes em todo mundo.

Até onde sabemos, o American Gut é o maior projeto a reunir cidadãos e ciência, baseado em financiamento coletivo, e até o momento em que escrevo, milhares de pessoas se inscreveram nele. Todos os dados vão ser disponibilizados publicamente, desde que em conformidade com a proteção à privacidade, de modo que pesquisadores interessados, educadores e o público em geral possam fazer uso deles. Ao contrário das pesquisas tradicionais, cujos dados ficam anos dependendo de publicações científicas, no American Gut eles são liberados imediatamente, permitindo que sejam feitas novas e interessantes associações, que podem ser investigadas com mais cuidado em pesquisas controladas. A força do projeto fica ainda maior à medida que mais pessoas se juntam a ele, inserindo-se nesse mapa microbiano.

Sendo assim, envie-nos seus dólares (ou euros ou ienes – o projeto está aberto a participantes internacionais), e nós enviaremos a você um kit de amostra. Aí, você pode nos enviar as suas fezes. Ou dar o kit de presente para uma pessoa amada ou um colega de trabalho. É a oportunidade de descobrir que porcaria eles andam fazendo!

SAIBA MAIS

A ciência (e a arte) de mapear o microbioma

Se o que ouvimos sobre o microbioma pode parecer restrito ou contraditório, isso acontece porque não se trata de um bicho de sete cabeças – eu diria que é muito mais complicado.

Um dos nossos maiores desafios é simplesmente saber o que estamos vendo.

Em termos de DNA, os seres humanos são fundamentalmente idênticos.[1] Mas, no nível microbiano, as nossas similaridades divergem rapidamente. A mesma parte do corpo em duas pessoas com frequência vai hospedar espécies microbianas muito distintas (e mesmo quando compartilhamos espécies, a população total delas pode variar muito). Escolhamos duas pessoas ao acaso e examinemos uma única célula microbiana das fezes da primeira pessoa, e depois da segunda pessoa. Em apenas 10% das vezes, aproximadamente, encontraremos uma célula da mesma espécie em ambas as fezes.[2] Em comparação, se pegarmos uma posição do genoma humano dessas mesmas duas pessoas, o DNA delas vai bater em 99,9% do tempo. E não é só o nosso genoma microbiano que é muito mais variado que o genoma humano, também os tipos de micróbios diferem imensamente de pessoa para pessoa.

A essa altura, é possível perguntar como sabemos que os nossos micróbios são tão diferentes. Um germe é um germe, certo? Um *Lactobacillus* é um *Lactobacillus*. Bem, nem sempre. O número dos tipos diferentes de micróbios que encontramos depende de como os micróbios são examinados. Não basta simplesmente contar as várias espécies para determinar a diversidade delas. Pois o número de espécies que encontramos pode variar, dependendo de quanto procuramos por elas. É como contar peixes em uma lagoa. Se a gente sai uma tarde e pega três peixes, não dá para supor que esses sejam todos os peixes da lagoa. Se alguém pesca duas trutas e uma perca, isso não significa que os únicos peixes do lugar sejam trutas e percas e que existam numa proporção de dois para um. As espécies a serem encontradas dependem de quando e de como pescar e de quantas vezes a gente vai pescar.

Fica ainda mais complicado quando começamos a definir o que de fato constitui uma espécie microbiana única. Com animais, é relativamente fácil: se dois animais conseguem cruzar e gerar filhotes também férteis, eles são, por definição, da mesma espécie. Mas os micróbios em geral não fazem sexo. E quando fazem, conseguem trocar material genético além dos limites da espécie – tão longe desses limites que já foi demonstrado que as bactérias, por exemplo, trocam material genético com outras bactérias, com *archaea* e também com eucariontes e com vírus – é como se os peixes cruzassem com as algas e com as aranhas-de-água e isso funcionasse! Há ainda outro problema: pouquíssimos micróbios crescem em laboratório. No entanto, para fazer a descrição e registrar um nome oficial de uma espécie, isso é necessário. É a mesma coisa que fisgar um peixe raro do fundo do mar, e ele se soltar antes que seja possível identificar a espécie.

Existe uma maneira de contornar isso. Embora não possamos cultivar a maior parte das espécies em laboratório, ainda é possível capturar e analisar o DNA delas. Com isso, determinamos que o genoma contém diversidade suficiente para qualificar uma espécie como diferente. Também podemos descartar completamente o conceito de espécie e avaliar a diversidade usando uma árvore filogenética – como a árvore da vida delineada por Darwin e depois atualizada por Woese e Fox (veja página 15). Uma comunidade microbiana que abranja mais da árvore é considerada de maior diversidade. Isso é útil, pois nos permite dizer que uma lagoa com três espécies de truta é menos diversa do que uma que contenha uma truta, uma perca e um vairão.

Por fim, é preciso decidir se o importante é apenas o número total de espécies, ou se também queremos saber quanto existe de cada espécie (sua população) em relação a outras. Por que isso é importante? Porque, se contarmos apenas as espécies presentes, a lagoa com uma truta, uma perca e milhares de vairões será considerada tão diferente quanto uma lagoa com um de cada. Isso pode funcionar, dependendo do aspecto do ecossistema que estamos examinando. Mas pode não funcionar. São muitas as decisões a tomar quando decidimos o que é importante como diversidade num dado ecossistema.

Em seguida, talvez a gente queira comparar ecossistemas – as comunidades microbianas que residem em nós – uns com os outros. Para conseguir isso, os cientistas dessa área fazem uso de algo denominado "fração única" ou UniFrac,[3] que mede a história evolutiva que separa as comunidades.

Cathy Losupone, uma das minhas primeiras alunas de graduação e hoje professora do Anschutz Medical Campus, da Universidade do Colorado, criou a técnica do UniFrac, descrita com elegância em sua tese de doutorado. Com o UniFrac, primeiro identificamos as comunidades microbianas em uma árvore filogenética. Depois usamos uma técnica de estatística chamada Análise de Coordenadas Principais (PCoA), para calcular de quantas maneiras possíveis um conjunto de comunidades pode variar em relação a outro na árvore.

Se tudo isso soar como grego – ou se alguém estiver há muito tempo sem ver álgebra linear (ou talvez se nunca tiver visto) – não é preciso se preocupar. Existem algoritmos de computador que fazem essa matemática toda. O importante é lembrar que essa técnica consegue gerar mapas precisos indicando as relações entre comunidades microbianas e revelando quando comunidades semelhantes estão próximas na árvore da vida.

Com essa informação, podemos conectar o microbioma a doenças específicas. A primeira maneira (e a mais comum) de fazer isso é com uma análise seccional cruzada: juntando um bando de gente doente e um bando de gente saudável e comparando os micróbios. Análises seccionais cruzadas conectaram os micróbios intestinais humanos com obesidade,[4,5] diabetes tipo 1,[6-8] diabetes tipo 2,[9-12] doença inflamatória intestinal,[13-16] síndrome do intestino irritável,[17] câncer do cólon,[18-22] doenças cardíacas,[23,24] artrite reumatoide,[25] e uma porção de outros transtornos. Análises seccionais cruzadas são muito úteis porque, quando identificamos diferenças grandes entre populações doentes e saudáveis, sabemos que ali existe algo que vale a pena investigar. No entanto, a fim de determinar se os diferentes micróbios de fato causaram a doença, é preciso estabelecer mais pesquisas.

O padrão-ouro das pesquisas seccionais cruzadas é estabelecer um modelo preditivo. Com ele, é possível pegar dados de alguns subconjuntos de pessoas – doentes ou saudáveis – e predizer se o resto do grupo tem a doença. Isso foi feito com sucesso para diabetes,[26, 27] obesidade[28] e doenças inflamatórias intestinais.[29] É interessante que tenhamos observado que biomarcas específicas (as espécies de micróbios ou os genes envolvidos na doença) diferem em populações distintas, como as populações suecas *versus* chinesas, em relação à diabetes tipo 2. A conclusão disso é que é prematuro relacionar organismos individuais a doenças individuais usando o que aprendemos com os estudos seccionais cruzados, pois o que se constitui num patógeno pode variar de uma população para outra.

O Projeto Microbioma Humano é um tipo único de pesquisa seccional cruzada porque tem a população saudável como objetivo, em vez de pessoas com doenças. O projeto descobriu que um número surpreendente – até 30% – de voluntários saudáveis rigorosamente selecionados apresentava o que costumamos considerar patógenos perigosos, inclusive *Staphylococcus aureus*. Os voluntários eram, por definição, saudáveis, o que indica que muitas pessoas hospedam organismos que causam doenças sob certas condições. Lembremos de novo dos matinhos: eles só são problema quando crescem no lugar errado. Isso nos ensina que temos de mudar o foco de "quais são os micróbios ruins e como evitar contato com eles e/ou se livrar deles" para "por que o mesmo micróbio é inofensivo para uns e mortal para outros?"

Portanto, assim que tivermos algum indício sobre os micróbios que talvez estejam envolvidos em certas doenças, poderemos estabelecer uma pesquisa longitudinal, em que as pessoas são acompanhadas ao longo do tempo. Os pesquisadores usam as pesquisas longitudinais quando querem identificar efeitos sutis que geram alterações grandes no microbioma de algumas pessoas, e não provocam nada em outras. Até agora, é notável que poucas pesquisas longitudinais com microbiomas tenham sido feitas. No entanto, esperamos ver muito mais dessas pesquisas à medida que o custo do sequenciamento de DNA continuar baixando.

O suprassumo da pesquisa longitudinal é o estudo de coorte prospectivo. Nele, os voluntários são recrutados quando estão sadios ou antes que comecem um tratamento (então chamado de "estudo de intervenção"). Aí, pode-se questionar se é possível predizer quem vai ficar doente ou quem vai reagir ao tratamento. Até o momento em que escrevo, nenhum desses estudos foi amplo o suficiente para render conclusões definitivas, embora a pesquisa TEDDY (The Environmental Determinants of Type I Diabetes in the Young) [As determinantes ambientais na diabetes tipo I em jovens] venha gerando dados para milhares de crianças com o risco de desenvolver diabetes.[30] Estudos de coorte prospectivos, sobretudo os que são conduzidos durante um longo período, são muito importantes principalmente para determinar se alguém com um microbioma específico corre o risco de desenvolver uma doença ou para determinar se o tratamento iria funcionar para essa pessoa.

Existe ainda o estudo mecanicista, em geral feito com camundongos (por razões que logo vão ser óbvias), que nos permite avaliar como funciona um determinado mecanismo bioquímico. Em geral, é assim: alteramos os genes dos camundongos; injetamos neles certa substância bioquímica considerada provocadora de certos efeitos; adicionamos ou retiramos bactérias; e depois examinamos os efeitos. Infelizmente, um requisito comum a essas técnicas é que o camundongo em questão sofra eutanásia e que seus órgãos internos sejam examinados.

Um dos estudos mecanicistas mais úteis consiste em criar camundongos em uma bolha esterilizada, sem nenhum micróbio. Aí podemos inserir micróbios específicos no camundongo para examinar se há mudanças. Esses camundongos, chamados de "gnotobióticos" (do grego *gnosis*, "saber", pois sabemos exatamente a que micróbios foram expostos), nos mostraram que os micróbios afetam a obesidade ou a desmielinização dos neurônios (a erosão do revestimento protetor dos nervos) na esclerose múltipla,[31,32] ou produzem um comportamento que lembra o autismo.[33] É importante lembrar que nem sempre o que afeta os camundongos afeta seres humanos. Mas as pesquisas com esses animais propiciam informações inestimáveis.

Enquanto isso, muito das novidades que ouvimos sobre as doenças no microbioma são meio confusas, contraditórias ou às vezes supervalorizadas. No que acreditar? Ao pesquisar se os micróbios podem curar doenças, devemos procurar pelos resultados positivos de muitos estudos, sobretudo aqueles que encaram o problema de ângulos diferentes. Descobertas desse tipo costumam ser mais sérias, assim como as descobertas de estudos com mais sujeitos. Em geral, o que temos agora são associações entre certos micróbios e certas doenças, sustentadas por mecanismos plausíveis (com frequência, mecanismos que foram trabalhados em camundongos), e não evidências nítidas de causa e efeito.

Além disso, a maneira específica pela qual se conduz uma pesquisa pode ter um efeito profundo nos resultados. Por exemplo, se estamos examinando a síndrome do intestino irritável, será que identificamos bem os nossos sujeitos de pesquisa? Estamos examinando apenas pacientes da síndrome que sofrem com gases? Com dor? Os que sofrem em reação a dietas específicas? Ou, se estamos analisando pacientes obesos, precisamos saber se eles apresentam resistência a insulina. Como a gordura está distribuída no corpo deles? E assim por diante.

Quando comparamos pesquisas, outros fatores precisam ser levados em conta, por exemplo: como as amostras são conservadas; como o DNA é extraído da amostra de fezes; que fragmento do genoma vai ser examinado para identificação; que tipo de máquina é usada no sequenciamento de DNA; que programa de computador é usado para a análise de dados – e até as configurações desse programa.[34-37] Para avaliar efeitos refinados, é preciso métodos bem padronizados.

Se isso tudo parece complicado é porque o microbioma é um lugar complicado. E assim as pesquisas sobre ele precisam ser deliberadas com cuidado e sensatez.

É bom lembrar essa complexidade sempre que ouvirmos alegações imensas referentes a ele ou determinações simples para uma variedade de suas enfermidades. É importante perguntar: Quem foi que disse isso, e como essa pessoa sabe disso? Afinal, ninguém iria confiar num pesquisador espacial para ir a Marte se ele não mencionasse a distância para chegar lá.

AGRADECIMENTOS

Gostaria de agradecer a todos os membros do meu laboratório, especialmente Daniel McDonald, Justine Debelius, Jessica Metcalf, Embriette Hyde, Luke Ursell, Amnon Amir, Will van Treuren e Dana Willner, e aos colegas do microbioma, inclusive Jairam Vanamala, Marty Blaser, Maria Gloria Dominguez-Bello, Ed Yong, Ruth Ley, Sarkis Mazmanian, Dan Knights, Greg Caporaso, Jack Gilbert, Owen White, Pieter Dorrestein, Nikolaus Correll, Ajay Kshatriya, Andrea Edwards e Dawn Field.
A meus pais, Allison e John Knight, e a minha companheira, Amanda Birmingham, que também ofereceram uma valiosa colaboração ao livro como um todo e, sobretudo, nas ocasiões em que estiveram presentes. Gostaria de fazer um agradecimento especial a Amanda e a minha filha, Alice, pela paciência com este projeto e pelo apoio. A meus orientadores do TED, Michael Weitz e Abigail Tenenbaum, que aprimoraram imensamente a minha palestra e ajudaram muito avaliando o livro de uma perspectiva não biológica; e a Chris Anderson, June Cohen, e a toda a equipe TED, que realmente me ajudaram a repensar como me conectar com o público. A Michelle Quint, Michael Behar e Grace Rubenstein, que me ajudaram muito a finalizar o livro. E a meus mais ou menos oitocentos colaboradores (de acordo com a minha lista de conflitos de interesse

da National Science Foundation), sobretudo a Jeffrey I. Gordon, aos estudantes e membros do laboratório e colegas da BioFrontiers, em Boulder, que foram inspiradores e muito compreensivos, atrasando outros projetos enquanto o livro estava sendo escrito. O trabalho descrito neste livro envolve uma imensa e crescente comunidade científica, e a pesquisa do meu laboratório tem financiamento do Howard Hughes Medical Institute, do NIH (inclusive do Projeto Microbioma Humano), NSF, US Department of Energy (DOE), Defense Advanced Research Projects Agency (DARPA), National Aeronautics and Space Administration (NASA), National Institute of Justice (NIJ), da US-Israel Binational Science Foundation, da W. M. Keck Foundation, da Alfred P. Sloan Foundation, da John Templeton Foundation, da Jane and Charlie Butcher Foundation, do Colorado Center for Biofuels and Biorefining, da Crohn's & Colitis Foundation of America, da Bill & Melinda Gates Foundation, da Gordon and Betty Moore Foundation, e de milhares de pessoas da população em geral. Todos os erros e omissões são, naturalmente, meus, embora muito desse texto cativante seja de Brendan.

NOTAS

INTRODUÇÃO

1. Observemos que recente relatório da Academia Americana de Microbiologia reduz essa carga a 3:1, principalmente aumentando a contagem de células humanas. De qualquer modo, os nossos micróbios nos ultrapassam substancialmente. Veja em: http://academy.asm.org/index.php/faq-series/5122-humanmicrobiome.
2. Disponível *on-line* em Projeto Gutemberg: www.gutenberg.org/files/1288/1288/1288-h.htm.
3. C. R. Woese e G. E. Fox, "Phylogenetic Structure of the Prokaryotic Domain: The Primary Kingdoms", *Proceedings of the National Academy of Sciences of the United States of America*, 74, n. 11 (1º de novembro de 1977): 5088-90.

CAPÍTULO 1
OS MICRÓBIOS DO ORGANISMO

1. N. O. Verhulst *et al.*, "Composition of Human Skin Microbiota Affects Attractiveness to Malaria Mosquitoes", *PloS One* 6, n. 12 (2011): e28991.
2. E. A. Grice *et al.*, "Topographical and Temporal Diversity of the Human Skin Microbioma", *Science* 324, n. 5931 (29 de maio de 2009): 1190-92; E. K. Costello *et al.*, "Bacterial Community Variation in Human Body Habitats Across Space and Time", *Science* 326, n. 5960 (18 de dezembro de 2009): 1694-97.
3. F. R. Blattner *et al.*, "The Complete Genome Sequence of *Escherichia coli* K-12", *Science* 277, n. 5331 (5 de setembro de 1997): 1453-62.
4. R. H. MacArthur e E. O. Wilson, *The Theory of Island Biogeography* (Princeton, NJ: Princeton University Press, 2001).
5. N. Fierer *et al.*, "Forensic Identification Using Skin Bacterial Communities", *Proceedings of the National Academy of Sciences of the United States of America* 107, n. 14 (6 de abril de 2010): 6477-81.
6. "*CSI: Miami* Season 9". Veja em: https://pt.wikipedia.org/wiki/Lista_de_epis%C3%B3dios_de_CSI:_Miami#9.C2.AA_temporada:_2010.E2.80.932011.
7. Uma introdução muito informativa e divertida sobre as fazendas de corpos: Mary Roach, *Stiff: The Curious Lives of Human Cadavers*. (Nova York: W. W. Norton, 2004). [Edição brasileira: *Curiosidade mórbida: a ciência e a vida secreta dos cadáveres*. São Paulo: Paralela, 2015.]
8. Meagan B. Gallagher, Sonia Sandhu e Robert Kimsey, "Variation in Developmental Time for Geographically

Distinct Populations of the Common Green Bottle Fly, *Lucilia sericata* (Meigen)", *Journal of Forensic Sciences* 55, n. 2 (março de 2010): 438-42.

9. O. S. Von Ehrenstein *et al.*, "Reduced Risk of Hay Fever and Asthma Among Children of Farmers", *Clinical and Experimental Allergy: Journal of the British Society for Allergy and Clinical Immunology* 30, n. 2 (fevereiro de 2000): 187-93; E. von Mutius and D. Vercelli, "Farm Living: Effects on Childhood Asthma and Allergy", *Nature Reviews Immunology* 10, n. 12 (dezembro de 2010): 861-68.
10. E. S. Charlson *et al.*, "Assessing Bacterial Populations in the Lung by Replicate Analysis of Samples from the Upper and Lower Respiratory Tracts", *PloS One* 7, n. 9 (2012): e42786; E. S. Charlson *et al.*, "Topographical Continuity of Bacterial Populations in the Healthy Human Respiratory Tract", *American Journal of Respiratory and Critical Care Medicine* 184, n. 8 (15 de outubro de 2011): 957-63.
11. J. K. Harris *et al.*, "Molecular Identification of Bacteria in Bronchoalveolar Lavage Fluid from Children with Cystic Fibrosis", *Proceedings of the National Academy of Sciences of the United States of America* 104, n. 51 (18 de dezembro de 2007): 20529-33.
12. E. S. Charlson *et al.*, "Topographical Continuity of Bacterial Populations in the Healthy Human Respiratory Tract", *American Journal of Respiratory and Critical Care Medicine* 184, n. 8 (15 de outubro de 2011): 957-63.
13. A. Morris *et al.*, "Comparison of the Respiratory Microbiome in Healthy Nonsmokers and Smokers", *American Journal of Respiratory and Critical Care Medicine* 187, n. 10 (15 de maio de 2013): 1067-75.
14. O. E. Cornejo *et al.*, "Evolutionary and Population Genomics of the Cavity Causing Bacteria Streptococcus Mutans", *Molecular Biology and Evolution* 30, n. 4 (abril de 2013): 881-93.
15. J. Slots, "The Predominant Cultivable Microflora of Advanced Periodontitis", *Scandinavian Journal of Dental Research* 85, n. 2 (janeiro/fevereiro de 1977): 114-21.
16. M. Castellarin *et al.*, "*Fusobacterium nucleatum* Infection Is Prevalent in Human Colorectal Carcinoma", *Genome Research* 22, n. 2 (fevereiro de 2012): 299-306; M. R. Rubinstein *et al.*, "*Fusobacterium nucleatum* Promotes Colorectal Carcinogenesis by Modulating E-Cadherin/Beta-Catenin Signaling via Its FadA Adhesin", *Cell Host & Microbe* 14, n. 2 (14 de agosto de 2013): 195-206; A. D. Kostic *et al.*, "*Fusobacterium nucleatum* Potentiates Intestinal Tumorigenesis and Modulates the Tumor-Immune Microenvironment", *Cell Host & Microbe* 14 (2013): 207-15; R. L. Warren *et al.*, "Co-occurrence of Anaerobic Bacteria in Colorectal

Carcinomas", *Microbiome* 1, n. 1 (15 de maio de 2013): 16; L. Flanagan *et al.*, "*Fusobacterium nucleatum* Associates with Stages of Colorectal Neoplasia Development, Colorectal Cancer and Disease Outcome", *European Journal of Clinical Microbiology & Infectious Diseases: Official Publication of the European Society of Clinical Microbiology* 33, n. 8 (agosto de 2014): 1381-90.

17. D. Falush *et al.*, "Traces of Human Migrations in *Helicobacter pylori* Populations", *Science* 299, n. 5612 (7 de março de 2003): 1582-85.
18. P. B. Eckburg *et al.*, "Diversity of the Human Intestinal Microbial Flora", *Science* 308, n. 5728 (10 de junho de 2005): 1635-38.
19. M. Hamady e R. Knight, "Microbial Community Profiling for Human Microbiome Projects: Tools, Techniques, and Challenges", *Genome Research* 19, n. 7 (julho de 2009): 1141-52.
20. Human Microbiome Project Consortium, "Structure, Function and Diversity of the Healthy Human Microbiome", *Nature* 486, n. 7402 (13 de junho de 2012): 207-14.
21. Eckburg *et al.*, "Diversity of the Human Intestinal Microbial Flora", 1635-38.
22. R. E. Ley *et al.*, "Microbial Ecology: Human Gut Microbes Associated with Obesity", *Nature* 444, n. 7122 (21 de dezembro de 2006): 1022-23; P. J. Turnbaugh *et al.*, "A Core Gut Microbiome in Obese and Lean Twins", *Nature* 457, n. 7228 (22 de janeiro de 2009): 480-84; J. Henao-Mejia *et al.*, "Inflammasome-Mediated Dysbiosis Regulates Progression of NAFLD and Obesity", *Nature* 482, n. 7384 (1º de fevereiro de 2012): 179-85; V. K. Ridaura *et al.*, "Gut Microbiota from Twins Discordant for Obesity Modulate Metabolism in Mice", *Science* 341, n. 6150 (6 de setembro de 2013): 1241214; M. L. Zupancic *et al.*, "Analysis of the Gut Microbiota in the Old Order Amish and Its Relation to the Metabolic Syndrome", *PloS One* 7, n. 8 (2012): e43052; D. Knights *et al.*, "Human-Associated Microbial Signatures: Examining Their Predictive Value", *Cell Host & Microbe* 10, n. 4 (20 de outubro de 2011): 292-96; E. Le Chatelier *et al.*, "Richness of Human Gut Microbiome Correlates with Metabolic Markers", *Nature* 500, n. 7464 (29 de agosto de 2013): 541-46; A. Cotillard *et al.*, "Dietary Intervention Impact on Gut Microbial Gene Richness", *Nature* 500, n. 7464 (29 de agosto de 2013): 585-88.
23. R. A. Koeth *et al.*, "Intestinal Microbiota Metabolism of L-Carnitine, a Nutrient in Red Meat, Promotes Atherosclerosis", *Nature Medicine* 19, n. 5 (maio de 2013): 576-85; W. H. Tang *et al.*, "Intestinal Microbial Metabolism of Phosphatidylcholine and Cardiovascular Risk", *New England Journal of Medicine* 368, n. 17 (25 de abril de 2013): 1575-84.
24. Y. K. Lee *et al.*, "Proinflammatory T-cell Responses to Gut Microbiota Promote

Experimental Autoimmune Encephalomyelitis", supplement 1, *Proceedings of the National Academy of Sciences of the United States of America* 108 (15 de março de 2011): 4615-22; K. Berer *et al.*, "Commensal Microbiota and Myelin Autoantigen Cooperate to Trigger Autoimmune Demyelination", *Nature* 479 (2011): 538-41.

25. E. Y. Hsiao *et al.*, "Microbiota Modulate Behavioral and Physiological Abnormalities Associated with Neurodevelopmental Disorders", *Cell* 155, n. 7 (19 de dezembro de 2013): 1451-63.
26. P. Gajer *et al.*, "Temporal Dynamics of the Human Vaginal Microbiota", *Science Translational Medicine* 4, n. 132 (2 de maio de 2012): 132ra52; J. Ravel *et al.*, "Daily Temporal Dynamics of Follow Your Gut Vaginal Microbiota Before, During and After Episodes of Bacterial Vaginosis", *Microbiome* 1, n. 1 (2 de dezembro de 2013): 29.

CAPÍTULO 2
COMO ADQUIRIMOS O NOSSO MICROBIOMA

1. R. Romero *et al.*, "The Composition and Stability of the Vaginal Microbiota of Normal Pregnant Women Is Different from That of Non-Pregnant Women", *Microbiome* 2, n. 1 (3 de fevereiro de 2014): 4.
2. O. Koren *et al.*, "Host Remodeling of the Gut Microbiome and Metabolic Changes During Pregnancy", *Cell* 150, n. 3 (3 de agosto de 2012): 470-80.
3. K. Aagaard *et al.*, "The Placenta Harbors a Unique Microbiome", *Science Translational Medicine* 6, n. 237 (21 de maio de 2014): 237ra65.
4. Romero *et al.*, "Composition and Stability of Vaginal Microbiota of Normal Pregnant Women Different from That of Non-Pregnant Women". Ver nota 1.
5. Michelle K. Osterman e Joyce A. Martin, "Changes in Cesarean Delivery Rates by Gestational Age: United States, 1996-2011", *NCHS Data Brief*, n. 124 (julho de 2013): 1-8; Luz Gibbons *et al.*, *The Global Numbers and Costs of Additionally Needed and Unnecessary Cesarean Sections Performed per Year: Overuse as a Barrier to Universal Coverage* (Genebra, Suíça: Organização Mundial da Saúde, 2010).
6. M. G. Dominguez-Bello *et al.*, "Delivery Mode Shapes the Acquisition and Structure of the Initial Microbiota Across Multiple Body Habitats in Newborns", *Proceedings of the National Academy of Sciences of the United States of America* 107, n. 26 (29 de junho de 2010): 11971-75.
7. G. V. Guibas *et al.*, "Conception via In Vitro Fertilization and Delivery by Caesarean Section Are Associated with Paediatric Asthma Incidence", *Clinical and Experimental Allergy: Journal of the British Society for Allergy and Clinical Immunology* 43, n. 9 (setembro

de 2013): 1058-66; L. Braback, A. Lowe e A. Hjern, "Elective Cesarean Section and Childhood Asthma", *American Journal of Obstetrics and Gynecology* 209, n. 5 (novembro de 2013): 496; C. Roduit *et al.*, "Asthma at 8 Years of Age in Children Born by Caesarean Section", *Thorax* 64, n. 2 (fevereiro de 2009): 107-13; M. C. Tollanes *et al.*, "Cesarean Section and Risk of Severe Childhood Asthma: A Population-Based Cohort Study", *Journal of Pediatrics* 153, n. 1 (julho de 2008): 112-16; B. Xu *et al.*, "Caesarean Section and Risk of Asthma and Allergy in Adulthood", *Journal of Allergy and Clinical Immunology* 107, n. 4 (abril de 2001): 732-33.

8. M. Z. Goldani *et al.*, "Cesarean Section and Increased Body Mass Index in School Children: Two Cohort Studies from Distinct Socioeconomic Background Areas in Brazil", *Nutrition Journal* 12, n. 1 (25 de julho de 2013): 104; A. A. Mamun *et al.*, "Cesarean Delivery and the Long-term Risk of Offspring Obesity", *Obstetrics and Gynecology* 122, n. 6 (dezembro de 2013): 1176-83; D. N. Mesquita *et al.*, "Cesarean Section Is Associated with Increased Peripheral and Central Adiposity in Young Adulthood: Cohort Study", *PloS One 8*, n. 6 (27 de junho de 2013): e66827; K. Flemming *et al.*, "The Association Between Caesarean Section and Childhood Obesity Revisited: A Cohort Study", *Archives of Disease in Childhood* 98, n. 7 (julho de 2013): 526-32; E. Svensson *et al.*, "Caesarean Section and Body Mass Index Among Danish Men", *Obesity* 21, n. 3 (março de 2013): 429-33; H. T. Li, Y. B. Zhou e J. M. Liu, "The Impact of Cesarean Section on Offspring Overweight and Obesity: A Systematic Review and Meta-Analysis", *International Journal of Obesity* 37, n. 7 (julho de 2013): 893-99; H. A. Goldani *et al.*, "Cesarean Delivery Is Associated with an Increased Risk of Obesity in Adulthood in a Brazilian Birth Cohort Study", *American Journal of Clinical Nutrition* 93, n. 6 (junho de 2011): 1344-47; L. Zhou *et al.*, "Risk Factors of Obesity in Preschool Children in an Urban Area in China", *European Journal of Pediatrics* 170, n. 11 (novembro de 2011): 1401-6.
9. T. Marrs *et al.*, "Is There an Association Between Microbial Exposure and Food Allergy? A Systematic Review", *Pediatric Allergy and Immunology: Official Publication of the European Society of Pediatric Allergy and Immunology* 24, n. 4 (junho de 2013): 311-20 e8.
10. J. Penders *et al.*, "Establishment of the Intestinal Microbiota and Its Role for Atopic Dermatitis in Early Childhood", *Journal of Allergy and Clinical Immunology* 132, n. 3 (setembro de 2013): 601-7 e8; K. Pyrhonen *et al.*, "Caesarean Section and Allergic Manifestations: Insufficient Evidence of Association Found in Population-Based Study of Children Aged 1 to 4 Years",

Acta Paediatrica 102, n. 10 (outubro de 2013): 982-89; F. A. van Nimwegen *et al.*, "Mode and Place of Delivery, Gastrointestinal Microbiota, and Their Influence on Asthma and Atopy", *Journal of Allergy and Clinical Immunology* 128, n. 5 (novembro de 2011): 948-55 e1-3; P. Bager, J. Wohlfahrt e T. Westergaard, "Caesarean Delivery and Risk of Atopy and Allergic Disease: Meta-Analyses", *Clinical and Experimental Allergy: Journal of the British Society for Allergy and Clinical Immunology* 38, n. 4 (abril de 2008): 634-42; K. Negele *et al.*, "Mode of Delivery and Development of Atopic Disease During the First 2 Years of Life", *Pediatric Allergy and Immunology: Official Publication of the European Society of Pediatric Allergy and Immunology* 15, n. 1 (fevereiro de 2004): 48-54.

11. M. B. Azad *et al.*, "Gut Microbiota of Healthy Canadian Infants: Profiles by Mode of Delivery and Infant Diet at 4 Months", *CMAJ: Canadian Medical Association Journal* 185, n. 5 (19 de março de 2013): 385-94.
12. J. E. Koenig *et al.*, "Succession of Microbial Consortia in the Developing Infant Gut Microbiome", supplement 1, *Proceedings of the National Academy of Sciences of the United States of America* 108 (15 de março de 2011): 4578-85.
13. G. D. Wu *et al.*, "Linking Longterm Dietary Patterns with Gut Microbial Enterotypes", *Science* 334, n. 6052 (7 de outubro de 2011): 105-8.
14. Ibid.
15. J. Qin *et al.*, "A Human Gut Microbial Gene Catalogue Established by Metagenomic Sequencing", *Nature* 464, n. 7285 (4 de março de 2010): 59-65.
16. T. Yatsunenko *et al.*, "Human Gut Microbiome Viewed Across Age and Geography", *Nature* 486, n. 7402 (9 de maio de 2012): 222-7.
17. J. H. Hehemann *et al.*, "Transfer of Carbohydrate-Active Enzymes from Marine Bacteria to Japanese Gut Microbiota", *Nature* 464, n. 7290 (8 de abril de 2010): 908-12.
18. P. J. Turnbaugh *et al.*, "A Core Gut Microbiome in Obese and Lean Twins", *Nature* 457, n. 7228 (22 de janeiro de 2009): 480-4.
19. J. Genuneit *et al.*, "The Combined Effects of Family Size and Farm Exposure on Childhood Hay Fever and Atopy", *Pediatric Allergy and Immunology: Official Publication of the European Society of Pediatric Allergy and Immunology* 24, n. 3 (maio de 2013): 293-98.
20. S. J. Song *et al.*, "Cohabiting Family Members Share Microbiota with One Another and with Their Dogs", *eLife* 2 (16 de abril de 2013): e00458.
21. J. G. Caporaso *et al.*, "Moving Pictures of the Human Microbiome", *Genome Biology* 12, n. 5 (2011): R50.
22. M. J. Claesson *et al.*, "Gut Microbiota Composition Correlates with Diet and Health in the Elderly", *Nature* 488, n. 7410 (9 de agosto de 2012): 178-84.

CAPÍTULO 3
NA SAÚDE E NA DOENÇA

1. P. J. Turnbaugh *et al.*, "Diet-Induced Obesity Is Linked to Marked but Reversible Alterations in the Mouse Distal Gut Microbiome", *Cell Host & Microbe* 3, n. 4 (17 de abril de 2008): 213-23.
2. M. Vijay-Kumar *et al.*, "Metabolic Syndrome and Altered Gut Microbiota in Mice Lacking Toll-like Receptor 5", *Science* 328, n. 5975 (9 de abril de 2010): 228-31.
3. Ridaura *et al.*, "Gut Microbiota from Twins Discordant for Obesity Modulate Metabolism in Mice".
4. D. Mozaffarian *et al.*, "Changes in Diet and Lifestyle and Long-term Weight Gain in Women and Men", *New England Journal of Medicine* 364, n. 25 (23 de junho de 2011): 2392-404.
5. L. A. David *et al.*, "Diet Rapidly and Reproducibly Alters the Human Gut Microbiome", *Nature* 505, n. 7484 (23 de janeiro de 2014): 559-63.
6. D. P. Strachan, "Hay Fever, Hygiene, and Household Size", *British Medical Journal* 299, n. 6710 (18 de novembro de 1989): 1259-60.
7. D. P. Strachan, "Is Allergic Disease Programmed in Early Life?", *Clinical & Experimental Allergy* 24, n. 7 (julho de 1994): 603-5.
8. J. Riedler *et al.*, "Exposure to Farming in Early Life and Development of Asthma and Allergy: A Cross-Sectional Study", *The Lancet* 358, n. 9288 (6 de outubro de 2001): 1129-33.
9. S. Illi *et al.*, "Protection from Childhood Asthma and Allergy in Alpine Farm Environments the GABRIEL Advanced Studies", *Journal of Allergy and Clinical Immunology* 129, n. 6 (junho de 2012): 1470-7.
10. C. Braun-Fahrländer *et al.*, "Environmental Exposure to Endotoxin and Its Relation to Asthma in School-Age Children", *New England Journal of Medicine* 347, n. 12 (19 de setembro de 2002): 869-77.
11. J. Douwes *et al.*, "Does Early Indoor Microbial Exposure Reduce the Risk of Asthma? The Prevention and Incidence of Asthma and Mite Allergy Birth Cohort Study", *Journal of Allergy and Clinical Immunology* 117, n. 5 (maio de 2006): 1067-73.
12. S. Lau *et al.*, "Early Exposure to House-Dust Mite and Cat Allergens and Development of Childhood Asthma: a Cohort Study. Multicenter Allergy Study Group", *The Lancet* 356, n. 9239 (21 de outubro de 2000): 1392-7.
13. M. J. Ege *et al.*, "Exposure to Environmental Microorganisms and Childhood Asthma", *New England Journal of Medicine* 364, n. 8 (24 de fevereiro de 2011): 701-9.
14. T. R. Abrahamsson *et al.*, "Gut Microbiota and Allergy: The Importance of the Pregnancy Period", *Pediatric Research* (13 de outubro de 2014): publicação antecipada em versão eletrônica.

15. E. Y. Hsiao *et al.*, "Microbiota Modulate Behavioral and Physiological Abnormalities Associated with Neurodevelopmental Disorders", *Cell* 155, n. 7 (19 de dezembro de 2013): 1451-63.
16. N. Elazab *et al.*, "Probiotic Administration in Early Life, Atopy, and Asthma: a Meta-Analysis of Clinical Trials", *Pediatrics* 132, n. 3 (setembro de 2013): 666-76.
17. A. A. Niccoli *et al.*, "Preliminary Results on Clinical Effects of Probiotic *Lactobacillus salivarius* LS01 in Children Affected by Atopic Dermatitis", *Journal of Clinical Gastroenterology* 48, suplemento 1 (novembro/dezembro de 2014): S34-6.
18. M. C. Arrieta e B. Finlay, "The Intestinal Microbiota and Allergic Asthma", *Journal of Infection* 4453, n. 14 (25 de setembro de 2014): 227-8.
19. A. du Toit, "Microbiome: *Clostridia Spp.* Combat Food Allergy in Mice", *National Review of Microbiology* 12, n. 10 (16 de setembro de 2014): 657.
20. A. T. Stefka *et al.*, "Commensal Bacteria Protect Against Food Allergen Sensitization", *Proceedings of the National Academy of Sciences* 111, n. 36 (9 de setembro de 2014): 13145-50.
21. M. Noval Rivas *et al.*, "A Microbiota Signature Associated with Experimental Food Allergy Promotes Allergic Sensitization and Anaphylaxis", *Journal of Allergy and Clinical Immunology* 131, n. 1 (janeiro de 2013): 201-12.
22. M. S. Kramer *et al.*, "Promotion of Breastfeeding Intervention Trial (PROBIT): a Cluster-Randomized Trial in the Republic of Belarus. Design, Follow-Up, and Data Validation", *Advances in Experimental Medicine and Biology*, 478 (2000): 327-45.
23. H. Kronborg *et al.*, "Effect of Early Postnatal Breastfeeding Support: a Cluster-Randomized Community Based Trial", *Acta Pediatrica* 96, n. 7 (julho de 2007): 1064-70.
24. I. Hanski *et al.*, "Environmental Biodiversity, Human Microbiota, and Allergy Are Interrelated", *Proceedings of the National Academy of Sciences* 109, n. 21 (22 de maio de 2012): 8334-9.
25. C. G. Carson, "Risk Factors for Developing Atopic Dermatitis", *Danish Medical Journal* 60, n. 7 (julho de 2013): B4687.
26. E. von Mutius *et al.*, "The PASTURE Project: E.U. Support for the Improvement of Knowledge About Risk Factors and Preventive Factors for Atopy in Europe", *Allergy* 61, n. 4 (abril de 2006): 407-13.
27. S. J. Song *et al.*, "Cohabiting Family Members Share Microbiota with One Another and With Their Dogs", *eLife* 2 (16 de abril de 2013).
28. B. Brunekreef *et al.*, "Exposure to Cats and Dogs, and Symptoms of Asthma, Rhinoconjunctivitis, and Eczema", *Epidemiology* 23, n. 5 (setembro de 2012): 742-50.
29. I. Trehan *et al.*, "Antibiotics as Part of the Management of

Severe Acute Malnutrition", *New England Journal of Medicine* 368, n. 5 (31 de janeiro de 2013): 425-35.

30. M. I. Smith *et al.*, "Gut Microbiomes of Malawian Twin Pairs Discordant for Kwashiorkor", *Science* 339, n. 6119 (1º de fevereiro de 2013): 548-54.
31. Turnbaugh *et al.*, "Core Gut Microbiome in Obese and Lean Twins".
32. D. N. Frank *et al.*, "Molecular-Phylogenetic Characterization of Microbial Community Imbalances in Human Inflammatory Bowel Diseases", *Proceedings of the National Academy of Sciences of the United States of America* 104, n. 34 (21 de agosto de 2007): 13780-85; M. Tong *et al.*, "A Modular Organization of the Human Intestinal Mucosal Microbiota and Its Association with Inflammatory Bowel Disease", *PloS One* 8, n. 11 (19 de novembro de 2013): e80702.
33. J. U. Scher *et al.*, "Expansion of Intestinal *Prevotella copri* Correlates with Enhanced Susceptibility to Arthritis", *eLife* 2 (5 de novembro de 2013): e01202.

CAPÍTULO 4
O EIXO INTESTINO-CÉREBRO: COMO OS MICRÓBIOS AFETAM O HUMOR, A MENTE E MUITO MAIS

1. P. Bercik, "The Microbiota-Gut-Brain Axis: Learning from Intestinal Bacteria?", *Gut* 60, n. 3 (março de 2011): 288-89.
2. J. F. Cryan e S. M. O'Mahony, "The Microbiome-Gut-Brain Axis: From Bowel to Behavior", *Neurogastroenterology and Motility: The Official Journal of the European Gastrointestinal Motility Society* 23, n. 3 (março de 2011): 187-92.
3. A. Naseribafrouei *et al.*, "Correlation Between the Human Fecal Microbiota and Depression", *Neurogastroenterology and Motility: The Official Journal of the European Gastrointestinal Motility Society* 26, n. 8 (agosto de 2014): 1155-62.
4. G. A. Rook, C. L. Raison e C. A. Lowry, "Microbiota, Immunoregulatory Old Friends and Psychiatric Disorders", *Advances in Experimental Medicine and Biology* 817 (2014): 319-56.
5. D. W. Kang *et al.*, "Reduced Incidence of *Prevotella* and Other Fermenters in Intestinal Microflora of Autistic Children", *PLoS One* 8, n. 7 (2013): e68322.
6. Hsiao *et al.*, "Microbiota Modulate Behavioral and Physiological Abnormalities Associated with Neurodevelopmental Disorders".
7. Vijay-Kumar *et al.*, "Metabolic Syndrome and Altered Gut Microbiota in Mice Lacking Toll-like Receptor 5".
8. P. Bercik *et al.*, "The Intestinal Microbiota Affect Central Levels of Brain-Derived Neurotropic Factor and Behavior in Mice", *Gastroenterology* 141, n. 2 (agosto de 2011): 599-609, 609 e1-3.

9. R. Diaz Heijtz *et al.*, "Normal Gut Microbiota Modulates Brain Development and Behavior", *Proceedings of the National Academy of Sciences of the United States of America* 108, n. 7 (15 de fevereiro de 2011): 3047-52.
10. C. L. Ohland *et al.*, "Effects of *Lactobacillus helveticus* on Murine Behavior Are Dependent on Diet and Genotype and Correlate with Alterations in the Gut Microbiome", *Psychoneuroendocrinology* 38 (2013): 1738-47.
11. A. R. Mackos *et al.*, "Probiotic *Lactobacillus reuteri* Attenuates the Stressor-Enhanced Sensitivity of *Citrobacter rodentium* Infection", *Infection and Immunity* 81, n. 9 (setembro de 2013): 3253-63.
12. P. A. Kantak, D. N. Bobrow e J. G. Nyby, "Obsessive-Compulsive-like Behaviors in House Mice Are Attenuated by a Probiotic (*Lactobacillus rhamnosus* GG)", *Behavioural Pharmacology* 25, n. 1 (fevereiro de 2014): 71-79.
13. Hsiao *et al.*, "Microbiota Modulate Behavioral and Physiological Abnormalities Associated with Neurodevelopmental Disorders".
14. S. Guandalini *et al.*, "VSL#3 Improves Symptoms in Children with Irritable Bowel Syndrome: A Multicenter, Randomized, Placebo-Controlled, Double-Blind, Crossover Study", *Journal of Pediatric Gastroenterology and Nutrition* 51, n. 1 (julho de 2010): 24-30.
15. M. Dapoigny *et al.*, "Efficacy and Safety Profile of LCR35 Complete Freeze-Dried Culture in Irritable Bowel Syndrome: A Randomized, Double-Blind Study", *World Journal of Gastroenterology* 18, n. 17 (7 de maio de 2012): 2067-75.
16. E. Smecuol *et al.*, "Exploratory, Randomized, Double-Blind, Placebo-Controlled Study on the Effects of *Bifidobacterium infantis* Natren Life Start Strain Super Strain in Active Celiac Disease", *Journal of Clinical Gastroenterology* 47, n. 2 (fevereiro de 2013): 139-47.
17. M. Frémont *et al.*, "High-Throughput 16S rRNA Gene Sequencing Reveals Alterations of Intestinal Microbiota in Myalgic Encephalomyelitis/ Chronic Fatigue Syndrome Patients", *Anaerobe* 22 (agosto de 2013): 50-56.
18. M. Messaoudi *et al.*, "Beneficial Psychological Effects of a Probiotic Formulation (*Lactobacillus helveticus* R0052 and *Bifidobacterium longum* R0175) in Healthy Human Volunteers", *Gut Microbes* 2, n. 4 (julho/agosto de 2011): 256-61.

SAIBA MAIS: BREVE HISTÓRIA DOS MICRO-ORGANISMOS

1. Medical Council, General Board of Health, Report of the Committee for Scientific Inquiries in Relation to the Cholera-Epidemic of 1854 (Londres, Inglaterra, 1855).

CAPÍTULO 5
INVESTIGANDO O NOSSO MICROBIOMA

1. C. A. Lozupone *et al.*, "Diversity, Stability and Resilience of the Human Gut Microbiota", *Nature* 489, n. 7415 (13 de setembro de 2012): 220-30.
2. S. H. Duncan *et al.*, "Contribution of Acetate to Butyrate Formation by Human Faecal Bacteria", *British Journal of Nutrition* 91 (2004): 915-23.
3. World Gastroenterology Organisation, World Gastroenterology Organisation Practice Guide-line: Probiotics and Prebiotics (maio de 2008). Veja em: www.worldgastroenterology.org/assets/downloads/en/pdf/guidelines/19_probiot- ics_prebiotics.pdf.
4. Um gostinho de como são os ensaios clínicos quando os lemos, em um estudo duplo cego, cruzado, controlado com placebo, sobre o consumo de 30 gramas por dia de um prebiótico denominado "isomalte" (uma mistura de polióis 1-O-α-D-glucopiranosil-D-manitol e 6-O-α-D-glucopiranosil-D-sorbitol) durante quatro semanas resultou em 65% de aumento na proporção de *Bifidobacterium* e 47% de aumento no total da contagem de células de *Bifidobacterium* comparados com o consumo de sacarose 5. A. Gostner, "Effect of Isomalt Consumption on Faecal Microflora and Colonic Metabolism in Healthy Volunteers", *British Journal of Nutrition* 95, n. 1 (janeiro de 2006): 40-50. Em outras palavras, esse prebiótico aumentou a quantidade de um tipo de bactéria que sempre foi considerada boa, embora seus efeitos diretos nas funções intestinais não tenham sido pesquisados. Em outra pesquisa, em que 12 voluntários ingeriram 10 gramas de inulina por dia durante 16 dias, em comparação com um período de controle sem a ingestão de nenhum suplemento, a *Bifidobacterium adolescentis* passou de 0,89% para 3,9% da microbiota 6 total. C. Ramirez-Farias *et al.*, "Effect of Inulin on the Human Gut Microbiota: Stimulation of *Bifidobacterium adolescentis* and *Faecalibacterium prausnitzii*", *British Journal of Nutrition* 101, n. 4 (fevereiro de 2009): 541-50.
5. H. Steed *et al.*, "Clinical Trial: The Microbiological and Immunological Effects of Synbiotic Consumption - A Randomized Double-Blind Placebo-Controlled Study in Active Crohn's Disease", *Alimentary Pharmacology & Therapeutics* 32, n. 7 (outubro de 2010): 872-83.
6. D. Linetzky Waitzberg, "Microbiota Benefits After Inulin and Partially Hydrolized Guar Gum Supplementation: A Randomized Clinical Trial in Constipated Women", *Nutricion Hospitalaria* 27, n. 1 (janeiro/fevereiro de 2012): 123-29.

7. Z. Asemi *et al.*, "Effects of Synbiotic Food Consumption on Metabolic Status of Diabetic Patients: A Double-Blind Randomized Crossover Controlled Clinical Trial", *Clinical Nutrition* 33, n. 2 (abril de 2014): 198-203.
8. J. A. Applegate *et al.*, "Systematic Review of Probiotics for the Treatment of Community-Acquired Acute Diarrhea in Children", suplemento 3, *BMC Public Health* 13 (2013): S16.
9. A. P. Hungin *et al.*, "Systematic Review: Probiotics in the Management of Lower Gastrointestinal Symptoms in Clinical Practice – An Evidence-Based International Guide", *Alimentary Pharmacology & Therapeutics* 38, n. 8 (outubro de 2013): 864-86.
10. N. P. McNulty *et al.*, "The Impact of a Consortium of Fermented Milk Strains on the Gut Microbiome of Gnotobiotic Mice and Monozygotic Twins", *Science Translational Medicine* 3, n. 106 (26 de outubro de 2011): 106ra106.
11. H. J. Kim *et al.*, "A Randomized Controlled Trial of a Probiotic Combination VSL# 3 and Placebo in Irritable Bowel Syndrome with Bloating", *Neurogastroenterology and Motility: The Official Journal of the European Gastrointestinal Motility Society* 17, n. 5 (outubro de 2005): 687-96.
12. D. J. Merenstein, J. Foster e F. D'Amico, "A Randomized Clinical Trial Measuring the Influence of Kefir on Antibiotic-Associated Diarrhea: The Measuring the Influence of Kefir (MILK) Study", *Archives of Pediatrics & Adolescent Medicine* 163, n. 8 (agosto de 2009): 750-54; R. S. Beniwal, "A Randomized Trial of Yogurt for Prevention of Antibiotic-Associated Diarrhea", *Digestive Diseases and Sciences* 48, n. 10 (outubro de 2003): 2077-82.
13. "*Clostridium difficile* Fact Sheet", Centers for Disease Control and Prevention. Disponível em: www.cdc.gov/hai/eip/pdf/Cdiff-factsheet.pdf (acessado em setembro de 2014).
14. I. Youngster, "Fecal Microbiota Transplant for Relapsing *Clostridium difficile* Infection Using a Frozen Inoculum from Unrelated Donors: A Randomized, Open-Label, Controlled Pilot Study", *Clinical Infectious Diseases: An Official Publication of the Infectious Diseases Society of America* 58, n. 11 (1º de junho de 2014): 1515-22; Z. Kassam *et al.*, "Fecal Microbiota Transplantation for *Clostridium difficile* Infection: Systematic Review and Meta-Analysis", *American Journal of Gastroenterology* 108, n. 4 (abril de 2013): 500-508.
15. "How Well Do Vaccines Work?", Vaccines. gov, US Department of Health and Human Services. Disponível em: www. vaccines.gov/basics/effectiveness (acessado em 11 de outubro de 2014).
16. "Vaccines Disease", Immunization Healthcare Branch. Disponível em: www. vaccines.mil/Vaccines (acessado em 11 de outubro de 2014).

17. Y. Li *et al.*, "On the Origin of Smallpox: Correlating Variola Phylogenics with Historical Smallpox Records", *Proceedings of the National Academy of Sciences of the United States of America* 104, n. 40 (2 de outubro de 2007): 15787-92.
18. Rob Stein, "Should Last Remaining Known Smallpox Virus Die?", *Washington Post* (8 de março de 2011).
19. Z. Wang *et al.*, "Gut Flora Metabolism of Phosphatidylcholine Promotes Cardiovascular Disease", *Nature* 472, n. 7341 (7 de abril de 2011): 57-63.
20. A. D. Kostic *et al.*, "Genomic Analysis Identifies Association of *Fusobacterium* with Colorectal Carcinoma", *Genome Research* 22, n. 2 (fevereiro de 2012): 292-98.
21. Ley, "Microbial Ecology".
22. C. A. Lowry *et al.*, "Identification of an Immune-Responsive Mesolimbocortical Serotonergic System: Potential Role in Regulation of Emotional Behavior", *Neuroscience* 146, n. 2 (11 de maio de 2007): 756-72.
23. G. A. Rook, C. L. Raison e C. A. Lowry, "Can We Vaccinate Against Depression?", *Drug Discovery Today* 17, n. 9-10 (maio de 2012): 451-58.

CAPÍTULO 6
ANTIBIÓTICOS

1. "Conjunctivitis (Pink Eye) in Newborns", Centers for Disease Control and Prevention. Disponível em: www.cdc.gov/conjunctivitis/newborns.html (acessado em 11 de outubro de 2014).
2. J. F. Burns, "British Medical Council Bars Doctors Who Linked Vaccine with Autism", *New York Times*, 24 de maio de 2010.
3. "Possible Side Effects from Vaccines", Centers for Disease Control and Prevention. Disponível em: www.cdc.gov/vaccines/vac-gen/side-effects.htm (acessado em 11 de outubro de 2014).
4. Editorial do *New York Times*, "The Rise of Antibiotic Resistance", *New York Times*, 10 de maio de 2014.
5. M. J. Blaser, *Missing Microbes: How the Overuse of Antibiotics Is Fueling Our Modern Plagues* (Nova York: Henry Holt, 2014).
6. "Battle of the Bugs: Fighting Antibiotic Resistance", US Food and Drug Administration, última alteração em 17 de agosto de 2011. Disponível em: www.fda.gov/Drugs/ResourcesForYou/Consumers/ucm143568.htm.
7. G. D. Wright, "Mechanisms of Resistance to Antibiotics", *Current Opinion in Chemical Biology* 7, n. 5 (outubro de 2003): 563-69.
8. V. J. Paul *et al.*, "Antibiotics in Microbial Ecology: Isolation and Structure Assignment of Several New Antibacterial Compounds from the Insect-Symbiotic Bacteria *Xenorhabdus Spp*", *Journal of Chemical Ecology* 7, n. 3 (maio de 1981): 589-97.
9. "Use of Antimicrobials Outside Human Medicine and Resultant Antimicrobial Resistance in Humans", World Health Organization. Disponível

em: http://web.archive.org/web/20040513120635/http://www.who.int/mediacentre/factsheets/fs268/en/index.html (acessado em 12 de outubro de 2014).
10. R. M. Lowe *et al.*, "*Escherichia coli* O157:H7 Strain Origin, Lineage, and Shiga Toxin 2 Expression Affect Colonization of Cattle", *Applied Environmental Microbiology* 75, n. 15 (agosto de 2009): 5074-81.
11. I. Cho *et al.*, "Antibiotics in Early Life Alter the Murine Colonic Microbiome and Adiposity", *Nature* 488, n. 7413 (30 de agosto de 2012): 621-26.
12. Blaser, *Missing Microbes*.
13. L. Trasande *et al.*, "Infant Antibiotic Exposures and Early-Life Body Mass", *International Journal of Obesity* 37, n. 1 (janeiro de 2013): 16-23.
14. S. Foliaki *et al.*, "Antibiotic Use in Infancy and Symptoms of Asthma, Rhinoconjunctivitis, and Eczema in Children 6 and 7 Years Old: International Study of Asthma and Allergies in Childhood Phase III", *Journal of Allergy and Clinical Immunology* 124, n. 5 (novembro de 2009): 982-89.
15. A. T. Stefka *et al.*, "Commensal Bacteria Protect Against Food Allergen Sensitization", *Proceedings of the National Academy of Sciences of the United States of America* 111, n. 36 (9 de setembro de 2014): 13145-50.

APÊNDICE
O PROJETO AMERICAN GUT

1. Veja American Gut: www.americangut.org.

SAIBA MAIS:
A CIÊNCIA (E A ARTE) DE MAPEAR O MICROBIOMA

1. E. S. Lander *et al.*, "Initial Sequencing and Analysis of the Human Genome", *Nature* 409, n. 6822 (15 de fevereiro de 2001): 860-921.
2. Human Microbiome Project Consortium, "Structure, Function and Diversity".
3. C. Lozupone e R. Knight, "UniFrac: A New Phylogenetic Method for Comparing Microbial Communities", *Applied and Environmental Microbiology* 71, n. 12 (dezembro de 2005): 8228-35.
4. Turnbaugh *et al.*, "A Core Gut Microbiome in Obese and Lean Twins"; M. Hamady *et al.*, "A Core Gut Microbiome in Obese and Lean Twins", *Nature* 457, n. 7228 (22 de janeiro de 2009): 480-84.
5. Le Chatelier *et al.*, "Richness of Human Gut Microbiome Correlates with Metabolic Markers".
6. J. L. Dunne, "The Intestinal Microbiome in Type 1 Diabetes", *Clinical and Experimental Immunology* 177, n. 1 (julho de 2014): 30-37.
7. E. Soyucen *et al.*, "Differences in the Gut Microbiota of Healthy Children and Those with Type 1 Diabetes", *Pediatrics International: Official Journal of the Japan Pediatric Society* 56, n. 3 (junho de 2014): 336-43.
8. M. E. Mejia-Leon *et al.*, "Fecal Microbiota Imbalance in Mexican Children with Type 1 Diabetes", *Scientific Reports* 4 (2014): 3814.

9. N. Larsen *et al.*, "Gut Microbiota in Human Adults with Type 2 Diabetes Differs from Non-Diabetic Adults", *PloS One* 5, n. 2 (2010): e9085.
10. F. H. Karlsson *et al.*, "Gut Metagenome in European Women with Normal, Impaired and Diabetic Glucose Control" *Nature* 498, n. 7452 (6 de junho de 2013): 99-103.
11. J. Sato *et al.*, "Gut Dysbiosis and Detection of 'Live Gut Bacteria' in Blood of Japanese Patients with Type 2 Diabetes", *Diabetes Care* 37, n. 8 (agosto de 2014): 2343-50.
12. J. Qin *et al.*, "A Metagenome-Wide Association Study of Gut Microbiota in Type 2 Diabetes", *Nature* 490, n. 7418 (4 de outubro de 2012): 55-60.
13. Frank *et al.*, "Molecular-Phylogenetic Characterization of Microbial Community Imbalances".
14. Tong *et al.*, "Modular Organization of Human Intestinal Mucosal Microbiota and Its Association with Inflammatory Bowel Disease".
15. E. Li *et al.*, "Inflammatory Bowel Diseases Phenotype, *C. Difficile* and NOD2 Genotype Are Associated with Shifts in Human Ileum Associated Microbial Composition", *PloS One* 7, n. 6 (2012): e26284.
16. D. Gevers *et al.*, "The Treatment-Naive Microbiome in New-Onset Crohn's Disease", *Cell Host & Microbe* 15, n. 3 (12 de março de 2014): 382-92.
17. C. Manichanh *et al.*, "Anal Gas Evacuation and Colonic Microbiota in Patients with Flatulence: Effect of Diet", *Gut* 63, n. 3 (13 de março de 2014): 401-8.
18. Castellarin *et al.*, "*Fusobacterium nucleatum* Infection Prevalent in Human Colorectal Carcinoma".
19. Rubinstein *et al.*, "*Fusobacterium nucleatum* Promotes Colorectal Carcinogenesis by Modulating E-Cadherin/Beta-Catenin Signaling via Its FadA Adhesin".
20. Kostic *et al.*, "*Fusobacterium nucleatum* Potentiates Intestinal Tumorigenesis and Modulates Tumor-Immune Microenvironment".
21. Warren *et al.*, "Co-occurrence of Anaerobic Bacteria in Colorectal Carcinomas".
22. Flanagan *et al.*, "*Fusobacterium nucleatum* Associates with Stages of Colorectal Neoplasia Development, Colorectal Cancer and Disease Outcome", 1381-90.
23. Koeth *et al.*, "Intestinal Microbiota Metabolism of L-Carnitine".
24. Tang *et al.*, "Intestinal Microbial Metabolism of Phosphatidylcholine and Cardiovascular Risk".
25. Scher *et al.*, "Expansion of Intestinal *Prevotella copri* Correlates with Enhanced Susceptibility to Arthritis".
26. F. H. Karlsson *et al.*, "Gut Metagenome in European Women with Normal, Impaired and Diabetic Glucose Control", *Nature* 498, n. 7452 (6 de junho de 2013): 99-103.

27. J. Qin *et al.*, "A Metagenome-Wide Association Study of Gut Microbiota in Type 2 Diabetes", *Nature* 490, n. 7418 (4 de outubro de 2012): 55-60.
28. D. Knights *et al.*, "Human-Associated Microbial Signatures: Examining Their Predictive Value", *Cell Host & Microbe* 10, n. 4 (20 de outubro de 2011): 292-6.
29. D. Gevers *et al.*, "The Treatment-Naive Microbiome in New-Onset Crohn's Disease", *Cell Host & Microbe* 15, n. 3 (12 de março de 2014): 382-92.
30. H. S. Lee *et al.*, "Biomarker Discovery Study Design for Type 1 Diabetes in the Environmental Determinants of Diabetes in the Young (TEDDY) Study", *Diabetes/Metabolism Research and Reviews* 30, n. 5 (julho de 2014): 424-34.
31. Lee *et al.*, "Proinflammatory T-Cell Responses to Gut Microbiota Promote Experimental Autoimmune Encephalomyelitis".
32. Berer *et al.*, "Commensal Microbiota and Myelin Autoantigen Cooperate to Trigger Autoimmune Demyelination".
33. Hsiao *et al.*, "Microbiota Modulate Behavioral and Physiological Abnormalities Associated with Neurodevelopmental Disorders".
34. C. A. Lozupone *et al.* "Meta-analyses of Studies of the Human Microbiota", *Genome Research* 23, n. 10 (outubro de 2013): 1704-14.
35. Hamady e Knight, "Microbial Community Profiling for Human Microbiome Projects".
36. Z. Liu *et al.*, "Accurate Taxonomy Assignments from 16S rRNA Sequences Produced by Highly Parallel Pyrosequencers", *Nucleic Acids Research* 36, n. 18 (outubro de 2008): e120.
37. Z. Liu *et al.*, "Short Pyrosequencing Reads Suffice for Accurate Microbial Community Analysis", *Nucleic Acids Research* 35, n. 18 (setembro de 2007): e120.

SOBRE OS AUTORES

ROB KNIGHT é professor de pediatria, ciência da computação e engenharia, e diretor da Microbiome Initiative da Universidade da Califórnia, San Diego. É cofundador do Projeto do Microbioma da Terra e do American Gut.

BRENDAN BUHLER é um premiado escritor da área de ciências, que já teve trabalhos publicados no *Los Angeles Times*, *California* e *Sierra Magazine*. A sua matéria sobre o trabalho de Rob Knight foi selecionada para a edição de 2012 do *The Best American Science and Nature Writing* [Os melhores textos sobre ciência e natureza dos Estados Unidos].

ASSISTA À PALESTRA DE ROB KNIGHT NO TED

A palestra TED de Rob Knight, disponível gratuitamente no *site* TED.com, deu origem ao livro *A vida secreta dos micróbios.*

FOTO: JAMES DUNCAN DAVIDSON/TED

PALESTRAS RELACIONADAS NO TED.COM

Jessica Green: ***Nosso corpo é coberto por micróbios. Vamos fazer design para eles***

Nosso corpo e casas são cobertos por micróbios – alguns são bons para nós, outros, ruins. Conforme aprendemos mais sobre os germes e micróbios que partilham do nosso espaço, a palestrante do TED Jessica Green questiona: podemos projetar ambientes favoráveis aos micróbios?

Bonnie Bassler: ***Como falam as bactérias***

Bonnie Bassler descobriu que as bactérias falam entre elas usando uma linguagem química que lhes permite coordenar defesas e ataques. A descoberta tem uma tremenda importância para a medicina e para a indústria – e também para o nosso autoconhecimento.

Ed Yong: ***Grilos suicidas, baratas zumbis e outros contos parasitas***

Nós humanos nos vangloriamos de nosso livre-arbítrio e independência, porém, há uma influência obscura que talvez não estejamos considerando. Os parasitas se tornaram mestres na arte da manipulação. Estarão eles nos influenciando? Sim, é mais que possível.

Jonathan Eisen: ***Conheça seus micróbios***

Nosso corpo é coberto por um mar de micróbios – tanto pelos patógenos que nos deixam doentes como pelos micróbios "bons", sobre os quais sabemos menos, que talvez nos mantenham saudáveis. No TEDMED, o microbiologista Jonathan Eisen divide o que se sabe, incluindo algumas maneiras surpreendentes de fazer os micróbios bons trabalharem a nosso favor.

SOBRE OS TED BOOKS

Os TED Books são pequenas obras sobre grandes ideias. São breves o bastante para serem lidos de uma só vez, mas longos o suficiente para aprofundar um assunto. A série, muito diversificada, cobre da arquitetura aos negócios, das viagens espaciais ao amor, e é perfeita para quem tem uma mente curiosa e vontade de aprender cada vez mais.

Cada título corresponde a uma palestra TED, disponível no *site* TED.com. Os livros continuam a partir de onde a palestra acaba. Um discurso de dezoito minutos pode plantar uma semente ou gerar uma fagulha na imaginação, mas muitos criam o desejo de se aprofundar, conhecer mais, ouvir a versão mais longa da história. Os TED Books foram criados para atender a essa necessidade.

CONHEÇA OUTROS TÍTULOS DA COLEÇÃO

O filho do terrorista – A história de uma escolha, de Zak Ebrahim com Jeff Giles

A arte da quietude – Aventuras rumo a lugar nenhum, de Pico Iyer

A matemática do amor – Padrões e provas na busca da equação definitiva, de Hannah Fry

O futuro da arquitetura em 100 construções, de Marc Kushner

O poder das pequenas mudanças, de Margaret Heffernan

Julgue isto, de Chip Kidd

De mudança para Marte – A corrida para explorar o planeta vermelho, de Stephen L. Petranek

Por que trabalhar, de Barry Schwartz

As leis da medicina – Três princípios de uma ciência inexata, de Siddhartha Mukherjee

SOBRE O TED

O TED é uma entidade sem fins lucrativos que se destina a divulgar ideias, em geral por meio de inspiradoras palestras de curta duração (dezoito minutos ou menos), mas também na forma de livros, animações, programas de rádio e eventos. Tudo começou em 1984 com uma conferência que reuniu os conceitos de Tecnologia, Entretenimento e Design, e hoje abrange quase todos os assuntos, da ciência aos negócios e às questões globais em mais de cem idiomas.

O TED é uma comunidade global, acolhendo pessoas de todas as disciplinas e culturas que busquem uma compreensão mais aprofundada do mundo. Acreditamos veementemente no poder das ideias para mudar atitudes, vidas e, por fim, nosso futuro. No *site* TED.com, estamos constituindo um centro de acesso gratuito ao conhecimento dos mais originais pensadores do mundo – e uma comunidade de pessoas curiosas que querem não só entrar em contato com ideias, mas também umas com as outras. Nossa grande conferência anual congrega líderes intelectuais de todos os campos de atividade a trocarem ideias. O programa TEDx possibilita que comunidades do mundo inteiro sediem seus próprios eventos locais, independentes, o ano todo. E nosso Open Translation Project [Projeto de tradução aberta] vem assegurar que essas ideias atravessem fronteiras.

Na realidade, tudo o que fazemos – da TED Radio Hour aos diversos projetos suscitados pelo TED Prize [Prêmio TED], dos eventos TEDx à série pedagógica TED-Ed – é direcionado a um único objetivo: qual é a melhor maneira de difundir grandes ideias?

O TED pertence a uma fundação apartidária e sem fins lucrativos.